環境・都市システム系 教科書シリーズ 9

海岸工学

工学博士 平山　秀夫
工学博士 辻本　剛三
博士(工学) 島田　富美男
博士(工学) 本田　尚正

共著

コロナ社

環境・都市システム系 教科書シリーズ編集委員会	
編集委員長　澤　　孝平	（明石工業高等専門学校・工学博士）
幹　　　事　角田　　忍	（明石工業高等専門学校・工学博士）
編集委員　　荻野　　弘	（豊田工業高等専門学校・工学博士）
（五十音順）　奥村　充司	（福井工業高等専門学校）
川合　　茂	（舞鶴工業高等専門学校・博士（工学））
嵯峨　　晃	（神戸市立工業高等専門学校）
西澤　辰男	（石川工業高等専門学校・工学博士）

（所属は編集当時のものによる）

刊行のことば

　工業高等専門学校（高専）や大学の土木工学科が名称を変更しはじめたのは1980年代半ばです。高専では1990年ごろ，当時の福井高専校長 丹羽義次先生を中心とした「高専の土木・建築工学教育方法改善プロジェクト」が，名称変更を含めた高専土木工学教育のあり方を精力的に検討されました。その中で「環境都市工学科」という名称が第一候補となり，多くの高専土木工学科がこの名称に変更しました。その他の学科名として，都市工学科，建設工学科，都市システム工学科，建設システム工学科などを採用した高専もあります。

　名称変更に伴い，カリキュラムも大幅に改変されました。環境工学分野の充実，CADを中心としたコンピュータ教育の拡充，防災や景観あるいは計画分野の改編・導入が実施された反面，設計製図や実習の一部が削除されました。

　また，ほぼ時期を同じくして専攻科が設置されてきました。高専〜専攻科という7年連続教育のなかで，日本技術者教育認定制度（JABEE）への対応も含めて，専門教育のあり方が模索されています。

　土木工学教育のこのような変動に対応して教育方法や教育内容も確実に変化してきており，これらの変化に適応した新しい教科書シリーズを統一した思想のもとに編集するため，このたびの「環境・都市システム系教科書シリーズ」が誕生しました。このシリーズでは，以下の編集方針のもと，新しい土木系工学教育に適合した教科書をつくることに主眼を置いています。

（1）　図表や例題を多く使い基礎的事項を中心に解説するとともに，それらの応用分野も含めてわかりやすく記述する。すなわち，ごく初歩的事項から始め，高度な専門技術を体系的に理解させる。

（2）　シリーズを通じて内容の重複を避け，効率的な編集を行う。

（3）　高専の第一線の教育現場で活躍されている中堅の教官を執筆者とす

る。

　本シリーズは，高専学生はもとより多様な学生が在籍する大学・短大・専門学校にも有用と確信しており，土木系の専門教育を志す方々に広く活用していただければ幸いです。

　最後に執筆を快く引き受けていただきました執筆者各位と本シリーズの企画・編集・出版に献身的なお世話をいただいた編集委員各位ならびにコロナ社に衷心よりお礼申し上げます。

　2001年1月

編集委員長　澤　　孝　平

まえがき

　海は生命の誕生の場であるといわれ，古くから食糧調達の場や交通・交易の場として広く利用されるなど，人間生活にとって必要不可欠な存在であった。その一方で，海は人々への恵みとともに，脅威の的となる二面性を有している。台風による高潮・高波，地震による津波，激しい海岸侵食を目の当たりにするとき，人は，それらの海の猛威に対して驚異を超えて恐怖感さえ覚えるだろう。

　太古の昔，人々は海象災害に対して無知であり，その多くを神の仕業によるものとして，海に畏敬の念をもって接してきた。しかしながら，時代の進行とともに，人間の英知は，これらの海象災害を自然の摂理に基づく現象ととらえ，科学的に究明する方向へと進展した。

　海岸工学は，そのような科学技術の進歩のなかで，第二次世界大戦後に誕生した比較的新しい工学分野である。そして，この50余年の間に海岸防災，沿岸域の開発といった面で数多くの研究成果をあげるとともに，近年では，地球規模の環境保全問題とも相まって，海岸環境の面からも急速に発展してきた。

　特に，わが国では，1999年に海岸法の一部が改正され，法律の目的として，従来の「海岸の防護」に，「海岸環境の保全」および「海岸の適正な利用」が加えられたことは記憶に新しい。それに伴い，今後，海岸工学が進むべき方向も，かつての防災一辺倒から，防護・環境・利用の三者の調和のとれた総合的な海岸管理の実現へと進展しているところである。

　著者らは本書の編集にあたり，以上述べたような海岸を取りまくさまざまな環境の変化への対応に努めた。具体的には，海岸工学で従来から取り扱われてきた波浪・高潮・津波などの波動現象や，海岸侵食の主たる要因である漂砂現象といった基礎的事項に加え，海岸環境の保全と創造の観点から，海岸防護方

式の変化や各種の海岸保全工法について解説するとともに，海岸環境の創造と今後の展望について述べた。また，海岸法をはじめとして，海岸行政や海岸事業を推進するうえでよりどころとなる主要な法律についても詳しく紹介した。なお，執筆担当は，1.3節，5章および6章が辻本，2～4章が島田，1.1節，1.2節，1.4節，1.5節および7章が本田で，全体の総括とりまとめを平山が行った。

本書の内容に対しては，今後，読者の方々より，大所高所よりのご批評・ご批判を仰ぎ，著者らのこれからの教育・研究活動の実践にあたって貴重な糧とさせていただきたい。また，本文中には，著者らの不手際により，表現の不適切な箇所や記述の誤りなどがみられる恐れもある。これらについても，読者の方々のご寛容と適切なご指摘をここにお願いする次第である。

本書の刊行にあたり，数多くの研究論文や著書を参考にさせていただき，貴重な図表などを引用させていただいた。本書への転載にご快諾をいただいた関係各位に対し，この場をお借りして深甚の謝意を表する次第である。また，本書を執筆する機会を与えていただいたコロナ社の各位に感謝の意を表する。

本書が，高専，短大，大学などで海岸工学を学ぶ学生のみならず，一般の土木技術者にとっても，海岸工学に関する基礎的知識の習得ならびに理解の向上への一助となれば，著者らの望外の喜びとするところである。

2003年2月

著　者

目　　次

1.　　海岸工学とは

1.1　海岸工学の誕生 ……………………………………………………………… *1*
1.2　海岸工学の内容 ……………………………………………………………… *3*
1.3　日本の海岸の特徴 …………………………………………………………… *6*
1.4　日本の海岸事業の変遷 ……………………………………………………… *8*
1.5　海岸に関連するおもな法律 ………………………………………………… *11*
　1.5.1　海岸の防護・保全に関するおもな法律 …………………………… *11*
　1.5.2　海岸の開発・利用や管理・運営に関するおもな法律 …………… *13*
　1.5.3　海岸環境の保全・整備に関するおもな法律 ……………………… *15*
演 習 問 題 …………………………………………………………………………… *18*

2.　　波の基本的な性質

2.1　波 の 特 性 値 ………………………………………………………………… *19*
2.2　波　の　分　類 ……………………………………………………………… *20*
2.3　微 小 振 幅 波 ………………………………………………………………… *22*
　2.3.1　波の基礎方程式 ……………………………………………………… *22*
　2.3.2　微小振幅波理論 ……………………………………………………… *24*
2.4　波　の　変　形 ……………………………………………………………… *35*
　2.4.1　水深減少による波の変形 …………………………………………… *35*
　2.4.2　屈　　　　折 ………………………………………………………… *38*
　2.4.3　回　　　　折 ………………………………………………………… *41*
　2.4.4　海 底 摩 擦 …………………………………………………………… *44*
　2.4.5　砕　　　　波 ………………………………………………………… *45*

演習問題 ·· 50

3. 長周期波

3.1 潮　汐 ·· 51
　3.1.1 潮汐の現象 ·· 51
　3.1.2 潮汐の調和分析 ·· 53
　3.1.3 平均海面および基本水準面 ··· 55
3.2 高　潮 ·· 57
　3.2.1 高潮の現象 ·· 57
　3.2.2 高潮の推算 ·· 60
3.3 津　波 ·· 63
　3.3.1 津波の現象 ·· 63
　3.3.2 津波の伝播と変形 ··· 67
　3.3.3 津波の数値シミュレーション ··· 72
3.4 長周期波による水面振動 ··· 74
　3.4.1 副振動 ·· 74
　3.4.2 固有振動周期 ··· 76
　3.4.3 長方形港湾における共振特性 ·· 78
演習問題 ·· 79

4. 海の波（不規則波）の統計的性質と推算

4.1 代表波と有義波の定義 ·· 80
4.2 波高と周期の確率密度関数 ·· 82
4.3 波のスペクトル解析法と方向スペクトル ··· 83
4.4 波の理論スペクトル ··· 86
　4.4.1 周波数スペクトル ··· 86
　4.4.2 方向分布関数 ··· 87
4.5 風波の発生・発達 ·· 88
　4.5.1 風波の発生 ·· 88

4.5.2　風波の発達 …………………………………… 89
4.6　波浪推算法 ……………………………………………… 90
　　　4.6.1　海上風の推算 …………………………………… 91
　　　4.6.2　有義波法による波浪推算 ……………………… 94
演習問題 ………………………………………………………… 98

5.　海岸構造物への波の作用

5.1　波力の特性 ……………………………………………… 99
5.2　重複波圧 ………………………………………………… 100
　　　5.2.1　微小振幅波の場合 ……………………………… 100
　　　5.2.2　サンフルーの簡略式 …………………………… 101
　　　5.2.3　揚圧力 …………………………………………… 102
　　　5.2.4　部分砕波圧 ……………………………………… 103
5.3　砕波波圧 ………………………………………………… 104
　　　5.3.1　廣井公式 ………………………………………… 104
　　　5.3.2　揚圧力 …………………………………………… 105
5.4　円柱に作用する波力 …………………………………… 107
　　　5.4.1　モリソンの式 …………………………………… 107
　　　5.4.2　抗力と慣性力の比較 …………………………… 109
　　　5.4.3　全波力と最大波力 ……………………………… 110
5.5　捨石斜面の安定 ………………………………………… 111
5.6　反射と透過 ……………………………………………… 116
　　　5.6.1　反射率と透過率 ………………………………… 116
　　　5.6.2　ヒーリーの方法 ………………………………… 117
5.7　波の打上げ高さと越波量 ……………………………… 118
　　　5.7.1　打上げ高さ ……………………………………… 118
　　　5.7.2　越波量 …………………………………………… 120
演習問題 ………………………………………………………… 124

6. 漂　　砂

6.1　漂砂の基礎 ……………………………………………………………… *125*
　6.1.1　底質特性 …………………………………………………………… *126*
　6.1.2　岸沖方向と沿岸方向の底質分布 ………………………………… *127*
6.2　海浜形状 ………………………………………………………………… *129*
　6.2.1　海浜縦断面形状 …………………………………………………… *129*
　6.2.2　海浜平面地形 ……………………………………………………… *132*
6.3　底質の移動機構 ………………………………………………………… *133*
　6.3.1　岸沖方向の移動 …………………………………………………… *133*
　6.3.2　移動限界水深 ……………………………………………………… *134*
　6.3.3　浮遊移動 …………………………………………………………… *136*
6.4　漂砂量の算定法 ………………………………………………………… *139*
　6.4.1　岸沖漂砂量（局所漂砂量） ……………………………………… *139*
　6.4.2　沿岸漂砂量 ………………………………………………………… *139*
　6.4.3　波エネルギーフラックスの沿岸方向成分 ……………………… *141*
6.5　沿岸流 …………………………………………………………………… *142*
6.6　海浜変形モデル ………………………………………………………… *144*
　6.6.1　変形機構 …………………………………………………………… *144*
　6.6.2　岸沖方向 …………………………………………………………… *145*
　6.6.3　沿岸方向 …………………………………………………………… *147*
6.7　飛砂 ……………………………………………………………………… *148*
演習問題 ……………………………………………………………………… *151*

7.　海岸環境の保全と創造

7.1　海岸環境の保全の目的 ………………………………………………… *152*
7.2　日本の海岸環境の現状 ………………………………………………… *154*
　7.2.1　海岸防災の側面からみた海岸環境の現状 ……………………… *154*
　7.2.2　沿岸域の開発・利用の側面からみた海岸環境の現状 ………… *157*
　7.2.3　海辺の生態系・景観の保全の側面からみた海岸環境の現状 ……… *159*

7.3　海岸保全工法 ……………………………………………… *161*
　7.3.1　海岸防護方式とその変化　………………………… *161*
　7.3.2　各種の海岸保全工法　……………………………… *164*
7.4　海岸環境の創造と今後の展望 …………………………… *177*
　7.4.1　環境創造上重視すべき項目　……………………… *177*
　7.4.2　海岸環境の創造　…………………………………… *179*
　7.4.3　今後の展望　………………………………………… *181*
演　習　問　題 …………………………………………………… *183*

引用・参考文献 ………………………………………………… *184*

演習問題解答 …………………………………………………… *186*

索　　　引 ……………………………………………………… *189*

1

海岸工学とは

　地球表面の約7割は海で占められている．人間は太古より海とのかかわりが深く，特に沿岸域である海岸は，水産物の調達の場，交通や交易の場，そして生活空間の場として多目的に利用され，開発されてきた．一方，工学分野としての海岸工学の歴史は新しく，第二次世界大戦中のアメリカにおける波浪予測技術を骨格として大戦後に誕生した．

　ここでは，まず，海岸工学誕生の経緯についてふれ，海岸工学で取り扱う内容ならびにその研究対象であるわが国の海岸の特徴について述べる．つぎに，わが国の海岸事業について，その歴史的変遷を踏まえながら概述する．そして，それらを推進するために，海に関連してどのような法律が存在するかについて述べる．

1.1　海岸工学の誕生

　海岸工学（coastal engineering）の歴史は**土木工学**（civil engineering）のなかでも比較的新しく，1950年10月にアメリカのカリフォルニア州ロングビーチ市で第1回海岸工学会議が開催され，新たな工学分野としての誕生が宣言されてからである．

　それまでは，**港湾工学**（port and harbor engineering）や**河川工学**（river engineering）の分野で，港湾の建設や河口部の処理に必要な技術上の課題として，波，潮汐，潮流，漂砂，河口密度流といった海水や砂粒子の挙動の解明や，防波堤などの港湾構造物に作用する波力の算定，港内への波の進入防止対策や土砂移動による河口閉塞・港湾埋没対策など，現在の海岸工学でも重要とされている課題が多く取り上げられていた．

なかでもアメリカでは，第二次世界大戦中，敵前上陸作戦の遂行にあたって必要な浅海波の特性を予測する技術の研究が極秘裏に進められ，天気図から沖波を予測する手法や，浅海域での波の変形と海底地形の変化などに関する研究が活発に行われていた。

大戦後，それらの軍事機密が解除されて，海岸・港湾構造物の計画および設計に活用できるようになった。そして，ロングビーチ市での海岸工学会議でそれらの研究成果が公表されると，海岸に関する事象に興味をもつ多くの研究者は，大きな関心をもってそれらに注目し，海岸工学を新たな工学分野として組織的に発展させていこうとする機運が一挙に盛り上がった。

ちなみに，この会議は，その後，国際会議 (International Conference on Coastal Engineering, 略称 **ICCE**) へと発展し，隔年ごとに世界各国で開催されて現在に至っている。

ちょうど同じ時期，わが国では大戦中の国土基盤整備の停滞と戦後の国土の疲弊に加えて，昭和20年代（1945〜1954年）には台風による高潮や地震による津波などの海岸災害が頻発し，荒廃した国土の復興と災害復旧が焦眉の急とされていた。なかでも1953年の13号台風は，伊勢湾沿岸を中心として日本全土に甚大な高潮被害のつめ跡を残し，その後の海岸法の制定（1956年）や海岸保全施設築造基準の策定（1958年）のきっかけとなった。

以上のような時代背景から，わが国の海岸工学への関心は，その誕生当初から非常に高く，1954年には，初めて神戸において土木学会関西支部主催による海岸工学研究発表会（発表論文数16編）が開催され，翌年には土木学会に海岸工学委員会が発足した。以後，海岸工学講演会は継続して毎年開催され，そこで発表される研究成果は海岸工学論文集（2009年から「土木学会論文集B2（海岸工学）」）としてまとめられている。2018年の第65回海岸工学講演会における発表論文数は261編にも達しており，ここにわが国における海岸工学分野の研究の活況ぶりがうかがえる。

1.2 海岸工学の内容

　海岸工学は波を中心に取り扱う工学分野であり，**流体力学**（fluid mechanics），**水理学**（hydraulics），**海洋学**（oceanography）などを基礎としながら，港湾工学，河川工学，**海洋工学**（ocean engineering）といった応用分野とも密接に関連している。

　さらに近年，**地球環境問題**（global environment issue）が顕在化するなかにあっては，広域的な環境保全，ひいては地球規模の環境保全への貢献といった観点から，**生態学**（ecology）や**環境工学**（environmental engineering）といった環境関連分野との関係も深まってきた。

　表 1.1 は，海岸工学論文集の分類をもとに海岸工学の内容をまとめたものである。

　歴史的にみると，海岸工学は，波浪および海浜変形の予測技術ならびに海岸災害に対する防御および防災技術の研究開発によって発展を遂げてきたといえる。このことは，1956年に制定された海岸法の第1条に，この法律の目的として，「津波，高潮，波浪，その他海水または地盤の変動による被害から海岸を防護し，もって国土の保全の資することを目的とする」とうたわれていることからもうかがえる。

　海岸工学では当初から，波や沿岸域の流れを中心に海岸における水理的な挙動を解明し，予測する技術の研究が行われ，それと同時に，海浜地形の変化を予測するために漂砂を中心として沿岸域における土砂移動機構の解明に関する研究も行われてきた。

　また，高潮や津波といった海岸災害の発生メカニズムを調査・研究し，それらを外力として海岸構造物を設計するために，波力の算定や，構造物の水理的特性および機能の検討を行い，海岸保全施設の計画手法，設計指針および施工法の開発に努めてきた。

　そして，以上述べてきた波浪，漂砂，災害に関する基礎研究の蓄積は，防波

1. 海岸工学とは

表 1.1 海岸工学の内容（海岸工学論文集の分類に基づく）

分　類	内　容
A．波・流れ・乱れ	波動理論・モデル，波動場の解析・シミュレーション，海底・海水面境界過程，破波帯・遡上域の水理，不規則波，波候と極値計測，波浪推算，波群・長周期波・湾水振動，高潮・津波，沿岸域の流れ，沿岸・海洋気象 他
B．漂　砂	漂砂の機構とモデリング，構造物と漂砂，海岸過程，広域漂砂，漂砂の制御と海岸保全，漂砂と海岸植生・藻場・底生生物 他
C．構造物・施設	波の制御，流れの制御，波圧・波力・潮流力・地震力・氷力，浮体の動揺・係留力，港湾構造物・施設，沿岸構造物・施設，海洋構造物・施設，水産構造物・施設，構造物基礎，材料，耐久性，設計法，施工・管理 他
D．沿岸域の環境と生態系	移流拡散・混合過程の基礎理論・モデル，閉鎖性水域・エスチュアリー，浅場における生態環境，海岸植生・マングローブ，海岸生態環境と水産，構造物と生態系，生態系モデル，地下水環境，大気環境，広域環境・生態システム，環境制御・改善，生態系の保全・修復・創造 他
E．地球環境問題	海象・気象の変化，沿岸の自然環境への影響，社会基盤整備への影響，対応戦略 他
F．沿岸域のアメニティ・人間工学	海岸・港湾景観，音環境・大気（温熱）環境，その他の五感環境，海岸・港湾空間デザイン，健康と海岸・海浜利用，海岸・港湾工学と人間工学 他
G．沿岸・海洋開発	海洋エネルギー，海洋資源，海上交通・システム，水産システム，マリンスポーツ，ウォーターフロント開発 他
H．計画・管理	港湾計画・マネージメント，港湾物流，防災計画・管理，環境計画・管理，水産資源計画・管理，ミチゲーション，環境システム評価・予測 他
I．災害調査報告	
J．海外（主として発展途上国）における海岸工学上の諸問題	漂砂・シルテーション，海岸防災，環境問題，技術協力体制・人材養成 他
K．計測・リモートセンシング，実験手法，情報処理	調査方法・システム，リモートセンシング，計測システム，データ処理システム，実験装置，情報処理 他

堤や突堤といった海岸線そのものを防護する従来形の海岸構造物に代わって，離岸堤や人工リーフといった海岸線から離れた岸沖に築造して海岸線を防護する新たな海岸保全施設をも生み出した．

昭和 40 年代（1965～1974 年）に入って高度経済成長期をむかえると，海岸防災とともに海岸工学で取り扱うべき新たな課題となってきたのが，沿岸域の開発・利用と海岸環境の保全である。

海面の埋立造成をはじめとする海洋開発の活発化や，海洋性レクリエーションの需要の増大化に伴って，海岸・海洋空間の利便性や快適性の向上に関する研究が進められた。一方，沿岸域の開発・利用の活発化は，同時に，海域の水質および底質の汚染をまねき，海辺の生態系や景観にもマイナスの影響を及ぼした。それらの環境問題は，それまでの土木工学的な知見のみで解決できる課題ではなく，海岸工学もまた，生態学や環境工学といった環境関連分野との融合のもとに，沿岸域の環境や生態系の維持保全に関する研究がなされるようになった。

そのような社会的動向のなかで，1999 年に海岸法の一部が改正され，法律の目的として，従来の「海岸の防護」に，「海岸環境の保全」および「海岸の適正な利用」が加えられた。これにより，今後の海岸行政および海岸事業は，防護・環境・利用の調和のとれた総合的な海岸管理の視点をもって展開されることとなった。

そして近年，海岸工学が直面している大きな課題として，地球環境問題への対応があげられる。特に，二酸化炭素などの温室効果ガスの排出による地球温暖化は，海面上昇や海象・気象の変化を生じさせ，沿岸域の防災・利用・環境のすべての面にわたって大きな影響を及ぼすことが懸念されている。それらは具体的には，沿岸域における社会基盤施設への影響，水利用システムおよび内水排除システムへの影響，生態系や自然環境への影響などである。

そのようななかで，海岸工学がこれまでの研究成果の蓄積を生かしつつ，地球環境問題に対して今後果たすべき役割は非常に大きく，大いに貢献することが期待されているといえる。

1.3 日本の海岸の特徴

日本は北海道，本州，四国，九州とそのほか6 800余りの島々から形成されており，海岸線1 km当りの国土は10.9 km²である。

図1.1に都道府県別の海岸線の延長距離を示す。北海道，長崎県の海岸線が長く，特に長崎県は930余りの島を有するために海岸線が長い。**図1.2**に各国の国土面積1 000 m²当りの海岸線の延長距離を示す。わが国は他の諸外国に比べ，単位面積当りの長さがきわめて長いことがわかる。海岸線総延長35 000 kmのうち，自然海岸23 000 km（砂浜・礫(れき)浜・泥浜13 000 km，岩礁(しょう)・崖(がけ)10 000 km），人工海岸12 000 kmである。

図1.3に都道府県別の海岸侵食・堆(たい)積面積（約15年間）を示す。堆積と侵食の比は1：2の割合で，海岸侵食が進んでおり，特に北海道ではその割合が顕著である。近年は海岸侵食が激化しており，年間160 haもの貴重な国土が失われている。このままの状況で推移すると15年後には新島（東京都）の面

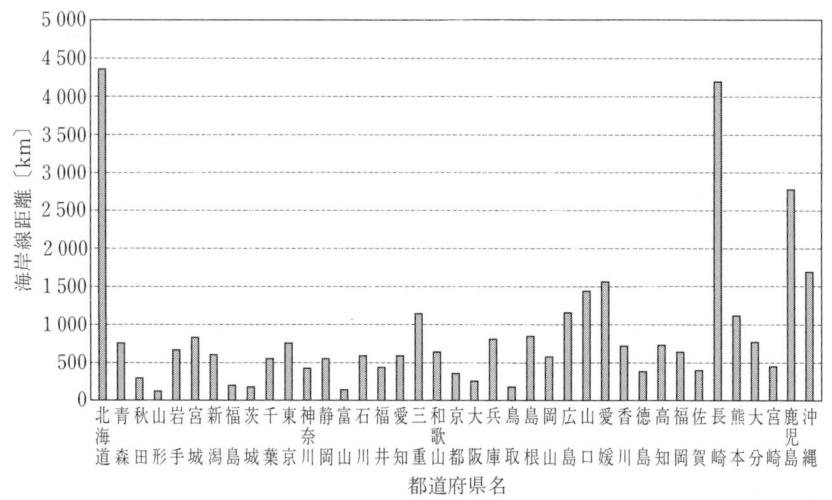

図1.1　都道府県別の海岸線の延長距離

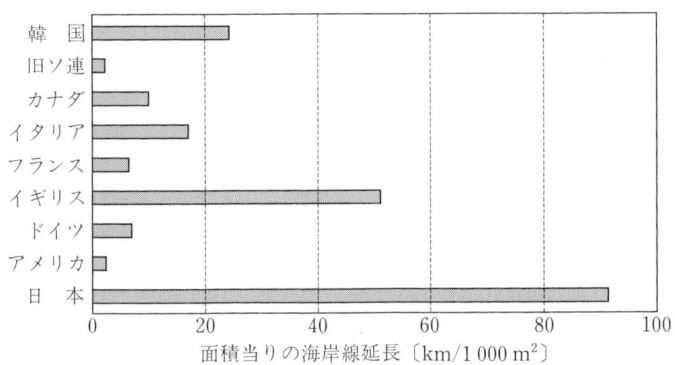

図 1.2 各国の国土面積 1 000 m² 当りの海岸線の延長距離

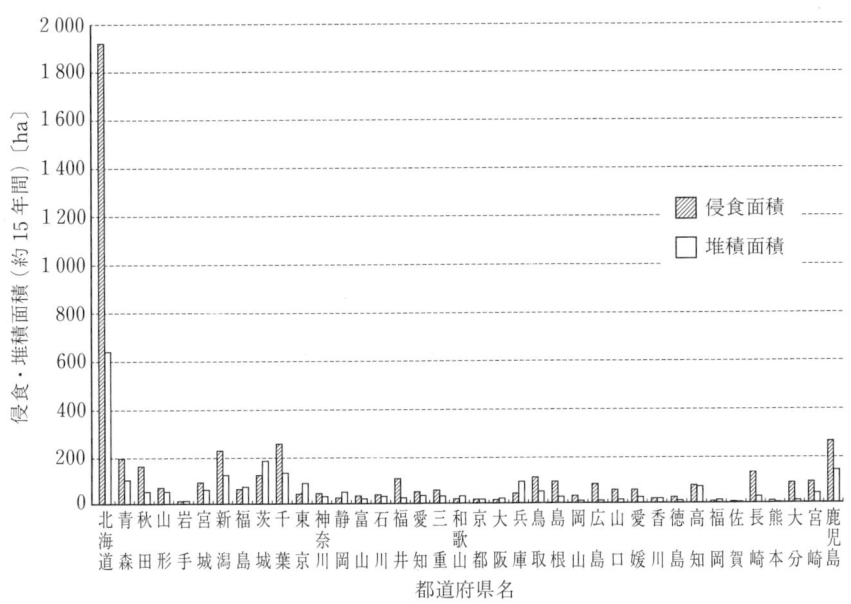

図 1.3 都道府県別の海岸侵食・堆積面積（約 15 年間）

積に匹敵する 2 400 ha, 30 年後には三宅島(東京都)に匹敵する 4 800 ha が侵食によって失われる計算になる．

　全国に約 19 000 ha ある砂浜は，遠浅の海岸線を形成することにより波浪外力を減衰し，陸域への波の進入を防ぐという防災上の役割をもっている．しか

し，最近15年間で砂浜の約13％にあたる約2400haが失われるなど，侵食被害が深刻化している。

1.4 日本の海岸事業の変遷

海岸工学は，海岸事業の実施にあたって必要とされる技術的な課題を解決する学問であり，海岸事業はその公共性の高さから国や地方自治体といった行政を中心として，海岸法をはじめとする法律や制度にのっとり，国土保全上の最重要施策として実施される。

表1.2に，わが国の海岸行政および海岸事業の変遷を示す。

わが国の海岸事業が本格的な国土保全事業として実施されるようになったのは，1953年の13号台風により，伊勢湾沿岸を中心として日本全土にわたって甚大な高潮被害が発生したことを大きな契機として，1956年に海岸法が制定されてからのことである。

また，海岸行政の面では，それまで関係4省庁（建設・運輸・農林各省と水産庁：省庁名はいずれも旧名称）によって独自に展開されていた海岸事業を，統一した設計基準のもとで施行することとなり，1957年の「海岸保全施設設計便覧」（土木学会発行）を経て1958年に「海岸保全施設築造基準」が策定された。

その当時の海岸行政および海岸事業の基本的な考え方は，荒廃した国土の復興と，打ち続く台風などの自然災害による甚大な被害を背景として，海岸災害に対処して国土を保全することであった。1956年制定当時の海岸法第1条にも，「この法律は，津波，高潮，波浪，その他海水または地盤の変動による被害から海岸を防護し，もって国土の保全の資することを目的とする」とうたわれている。

その後も1959年の伊勢湾台風，1960年のチリ地震津波，1961年の第二室戸台風など，高潮・津波災害が頻発し，海岸事業は堤防・護岸・防波堤・突堤などの築造を中心として海岸線の防護（線的防護方式）に力が注がれた。

1.4 日本の海岸事業の変遷

表 1.2 日本の海岸行政および海岸事業の変遷

年代　災害・事故・社会動向等	海岸事業の変遷	海岸保全の考え方
昭和20年代 (1945〜1954年) 台風来襲が頻発した。 　枕崎台風 (1945年) 　ジェーン台風 (1950年) 　ルース台風 (1951年) 　台風13号 (1953年)	高潮対策事業 (1949年) 侵食対策事業 (1952年) 局部改良事業 (1952年) 災害復旧助成事業 (1952年) 災害関連事業 (1954年)	国土の復興および災害復旧が最優先された ↓ 線的防護方式
昭和30年代 (1955〜1964年) 高潮・津波被害が相ついだ。 　狩野川台風 (1958年) 　伊勢湾台風 (1959年) 　チリ地震津波 (1960年) 　第二室戸台風 (1961年)	**海岸法制定 (1956年)** **海岸保全施設築造基準策定 (1958年)** 伊勢湾等高潮対策事業 (1959〜1964年) チリ地震津波対策事業 (1960〜1966年) 直轄事業開始 (1960年)	
昭和40年代 (1965〜1974年) 海岸侵食の進行 海洋性レクリエーション需要の増大 　台風26号静岡上陸 (1966年) 　十勝沖地震津波 (1968年) 　台風10号高知上陸 (1970年) 　大阪湾ドラム缶不法投棄事件 (1971年) 　台風16号高知上陸 (1974年)	離岸堤の登場→ 5か年計画の策定 (1970年) 環境整備事業 (1973年)	
昭和50年代 (1975〜1984年) 水質・底質の悪化 　台風20号高知・静岡上陸 (1979年) 　**日本海中部地震津波** (1983年)	海域浄化事業 (1975年) 公有地造成護岸等整備事業 (1976年) 補修事業 (1978年) 海洋法条約署名 (1982年)	↓ 面的防護方式
昭和60年代 (1985〜1989年) 自然環境に対する意識の向上 　台風19号高知上陸 (1987年)	緩傾斜堤防の登場→ 人工リーフの登場→ ヘッドランド工法の登場→	
平成元年 (1989年)〜 防災・利用・環境の調和 　台風11号鹿児島上陸 (1989年) 　台風19号日本列島縦断 (1990年) 　**北海道南西沖地震津波** (1993年) 　**阪神淡路大震災** (1995年) 　ナホトカ号油流出事故 (1997年) 　台風18号熊本上陸 (1999年)	**環境基本法制定 (1993年)** エコ・コースト事業 (1996年) 渚の創生事業 (1997年) **環境影響評価法制定 (1997年)** 魚を育む海づくり (1999年) **海岸法の改正 (1999年)** **海岸法の施行 (2000年)**	↓ 総合的な視点に立った海岸管理制度

1. 海岸工学とは

　昭和40年代（1965～1674年）に入り，高度経済成長による社会経済の進展とそれに伴う人間活動の高度化・多様化が進むにつれて，さまざまな側面から海岸環境の悪化が顕在化してきた．

　まず，防災面では，全国的に海岸侵食が進行し，その原因の一つとして，防波堤などの大形構造物の建設による沿岸漂砂の動きの変化が指摘された．

　つぎに，海岸の利用面では，臨海部の埋立および海洋開発が活発化するとともに，海洋性レクリエーションの需要が増大化・多様化し，人々の海への期待と利用要望はますます高くなってきた．

　そして，環境面では，臨海部の埋立造成による干潟の消失や，生活・産業排水の増大化による閉鎖性海域の水質・底質の悪化が進み，それらは沿岸域を生息場とする生物の生態系に大きな影響を及ぼした．また，コンクリート製の高擁壁が海岸線に建ち並んで海を取り囲む姿は，すぐれた自然環境としての海辺の景観を一変させ，人々は海辺に近づくことすらできなくなってしまった．

　そのような防災対策中心の海岸事業に対する反省は，同時に，海岸事業およびそれらを推進する海岸行政の目的を「防災」「環境」「利用」の3者の調和であるとする姿勢へと変化させた．さらに，海岸工学を中心とした調査研究や技術開発の進歩により，昭和50～60年代（1975～1989年）には，海岸防護方式は従来の線的防護方式から，離岸堤や人工リーフなどの複数の海岸保全施設を組み合わせ，防災だけでなく海岸の環境や利用にも配慮した面的防護方式へと転換が図られた．

　そして，平成の時代に入り，人々の海岸に対する関心がいっそう高まるとともに，地球温暖化に伴う海面上昇をはじめとして，海岸環境の保全を地球規模の環境保全問題の一環としてとらえようとする動きのなかで，1999年5月に海岸法の一部を改正する法律が公布され，2000年4月から施行された．

　この新しい海岸法の主旨は，第1条に端的に示されている．すなわち，「この法律は，津波，高潮，波浪，その他海水または地盤の変動による被害から海岸を防護するとともに，**海岸環境の整備と保全および公衆の海岸の適正な利用を図り**，もって国土の保全の資することを目的とする」とされ，1956年の制

定時に比べて，海岸環境の保全と適正な利用が法律の目的として追加された。

そして現在，わが国の海岸行政および海岸事業は，新しい海岸法に基づき，防護・環境・利用の調和のとれた総合的な海岸管理制度のもとで推進されている。例えば，2002年度において，国土交通省では「海岸行政の推進」と題して

> 「新しい海岸法のもと『21世紀の海岸像〜安全で，美しく，いきいきした海岸〜』を実現すべく，海岸整備を効率的・効果的に推進する。そのための投資目標を，安全な海岸づくり，いきいきした海岸づくりに置き
> ・高質な海岸防護の更なる推進
> ・白砂青松海岸づくりの積極的推進
> 等に重点投資する」

といった重点項目を掲げている。

1.5 海岸に関連するおもな法律

1.5.1 海岸の防護・保全に関するおもな法律

〔1〕**海岸法** 海岸法（seacoast law）は海岸保全のための基本法であり，その制定の背景は *1.2* 節および *1.4* 節で述べたとおりである。海岸法の要旨はつぎのとおりである。

1) 海岸保全区域および海岸管理者を指定し，海岸管理の責任の明確化と管理の徹底化を図る。
2) 主務大臣の所管と責任を明確化し，海岸行政の円滑な執行を図る。
3) 国土保全上重要かつ大規模な工事について，国の直轄工事による海岸保全施設整備の促進を図る。
4) 海岸保全施設の築造基準を定め，それらの施設の統一的な整備を図る。
5) 海岸保全を目的として，それに支障のある行為（土砂採取，施設の新設や増改築，切土・盛土・掘削行為など）を制限する。
6) 海岸保全施設の整備に要する費用について，国の負担を明確化し，そ

れらの施設整備の促進を図る。

また，1999年5月における海岸法の一部改正の要旨はつぎのとおりである。
1）「環境」および「利用」を新たに法律の目的として追加
2） 公共海岸の適正な保全のための措置の創設
3） 一般公共海岸区域の創設による海岸管理体制の強化
4） 海岸管理のための計画制度の見直し
5） 国による直轄管理制度の導入
6） 海岸の管理における市町村参画の推進
7） 海岸保全施設の定義の見直し
8） 技術上の基準の見直し

〔2〕 河川法　河川法 (river law) は，1896年4月に旧河川法が制定され，さらに1964年7月に現在の河川法が制定された。**砂防法** (sabo law：1897年3月制定) および**森林法** (forest law：1897年3月制定) とともに，「治水三法」と称され，海岸との関係においても重要な法律である。

その第1条には，この法律の目的として，「河川について，洪水，高潮等による災害の発生が防止され，河川が適正に利用され，流水の正常な機能が維持され，および河川環境の整備と保全がなされるようにこれらを総合的に管理すること」がうたわれている。

ここで，「河川環境の整備と保全」とあるのは，1997年6月の河川法の改正によって，法律の目的に加えられたものである。この改正は，海岸法の改正と同様に，近年の人々の環境に対する関心の高まりや，地域特性に合った河川整備の必要性，頻発する渇水状況などに対応して，河川環境の整備と保全を河川法の目的に位置付け，計画制度の抜本的な見直しと異常渇水時における水利使用の円滑化を図ったものである。

〔3〕 災害対策基本法　災害対策基本法 (fundamental law of counterplan for damage by national disaster) は1961年11月に制定された。その第1条には，この法律の目的として，「国土ならびに国民の生命，身体および財産を災害から保護するため，防災に関し，国，地方公共団体およびその他の公

共機関を通じて必要な体制を確立し，責任の所在を明確化するとともに，防災計画の作成，災害予防，災害応急対策，災害復旧および防災に関する財政金融措置その他必要な災害対策の基本を定めることにより，総合的かつ計画的な防災行政の整備および推進を図る」ことがうたわれている．なお，海岸関係では，高潮および津波による災害が，この法律の災害の定義に入っている．

この法律では，平常時の災害予防および災害発生時の緊急事態に対して，国，都道府県および市町村の責務を明確に定めており，防災に関する組織，非常および緊急災害対策本部の設置，応急措置，災害復旧および財政金融措置などを規定している．

〔4〕 **大規模地震対策特別措置法** 大規模地震対策特別措置法（large-scale earthquake countermeasures law）は1978年6月に制定された．その第1条には，この法律の目的として，「大規模な地震による災害から国民の生命，身体および財産を保護するため，地震防災対策強化地域の指定，地震観測体制の整備その他地震防災体制の整備に関する事実および地震防災応急対策その他地震防災に関する事項について特別の措置を定めることにより，地震防災対策の強化を図る」ことがうたわれている．

この法律によって，地震災害およびそれに起因する津波や火災などの災害を対象として，「地震防災基本計画」「地震防災強化計画」「地震防災応急計画」などが規定されている．また，地震防災応急対策に要する費用の負担や，財政措置に関する災害対策基本法の準用などについても定めている．

1.5.2 海岸の開発・利用や管理・運営に関するおもな法律

〔1〕 **公有水面埋立法** 公有水面埋立法（public waters reclamation law）は，1921年4月に制定された古い法律であるが，文字どおり，海，河川，湖などの公有水面を埋立造成する場合の基本法であり，都道府県知事から受ける埋立免許や，免許の出願事項の公衆への縦覧などを定めている．

この法律は，第二次世界大戦後，社会情勢の変化や他の関連法との整合性を考慮して順次改正がなされてきた．特に，1973年9月には，埋立規模の大形

1. 海岸工学とは

化や埋立地利用の多様化などを反映して，自然環境の保全，公害の防止，埋立地の権利処分および利用の適正化といった観点から大幅な改正が加えられた。それらの改正内容の要点は，つぎのとおりである。

1) 埋立申請の内容を広く関係住民に周知すること。
2) 埋立が，国土利用上適性かつ合理的であり，海域環境の保全，自然環境や水産資源の保全や，災害防止などに十分配慮されたものであること。
3) 埋立に際して，公共施設の配置および規模が適正であり，十分なオープンスペースが確保されていること。

〔2〕 **港湾法および港則法**　港湾法（port and harbor law）は1950年5月に制定された。その第1条には，「この法律は，交通の発達および国土の適正な利用と均衡ある発展に資するため，環境の保全に配慮しつつ，港湾の秩序ある整備と適正な運営を図るとともに，航路を開発し，および保全することを目的とする」とうたわれている。海上交通の要(かなめ)である港湾の種類や港湾区域および港湾管理者の指定，港湾の開発，維持管理および運営，航路の開発および保全に関する法律である。

港則法（harbor regulation law）は1948年7月に制定された。その第1条には，「この法律は，港内における船舶交通の安全および港内の整頓を図ることを目的とする」とうたわれている。港内を出入りする船舶の入出港や停泊，航路および航法，水路の保全等に関する法律である。

〔3〕 **漁業法および漁港法**　漁業法（fisheries law）は1949年12月に制定された。その第1条には，「この法律は，漁業生産に関する基本的制度を定め，漁業者および漁業従事者を主体とする漁業調整機構の運営によって水面を総合的に利用し，もって漁業生産力を発展させ，あわせて漁業の民主化を図ることを目的とする」とうたわれている。漁業水産に関する基本法であり，特に漁業権および入漁権はこの漁業法によって保護されている。なお，現行法以前にも，1901年に制定された旧漁業法があり，第二次世界大戦後，農地改革とともに漁業改革が行われた際に，現在の漁業法が制定された。

漁港法（fishing port law）は1950年5月に制定された。その第1条には，

「この法律は，水産業の発達を図り，これにより国民生活の安定と国民経済の発展に寄与するために，漁港を整備し，およびその維持管理を適正にすることを目的とする」とうたわれている。漁港の種類および漁港管理者の指定，開発および維持管理に関する法律である。

その他の漁業水産の管理・運営に関連する法律としては，**水産資源保護法**（fisheries resources conservation act：1951年12月制定），**海洋水産資源開発促進法**（marine resources development and promotion act：1971年5月制定），**沿岸漁場整備開発法**（coastal fishing ground improvement and development law：1974年5月制定）などがある。

1.5.3 海岸環境の保全・整備に関するおもな法律

〔*1*〕 環境基本法　　**環境基本法**（fundamental environment law）は1993年11月に制定された。その第1条には，「この法律は，環境の保全について，基本理念を定め，ならびに国，地方公共団体，事業者および国民の義務を明らかにするとともに，環境の保全に関する施策の基本となる事項を定めることにより，環境の保全に関する施策を総合的かつ計画的に推進し，もって現在および将来の国民の健康で文化的な生活の確保に寄与するとともに人類の福祉に貢献することを目的とする」とうたわれている。

環境基本法は，環境政策の基本理念を定めた法律であり，それにより，沿岸域の開発行為に対しても，環境保全の観点から種々の規制がかけられることとなった。環境基本法の要旨はつぎのとおりである。

1) 環境基本計画の策定および環境基準の設定
2) 特定地域における公害防止計画の作成とその計画の推進
3) 環境影響評価の推進
4) 環境保全上の支障を防止するための規制および経済的措置
5) 環境の保全に関する教育，学習等の振興
6) 地球環境保全などに関する国際協力の推進

なお，環境基本法に関連する法律として**自然公園法**（natural parks law：

1957年6月制定)，**自然環境保全法**（nature conservation law：1972年6月制定)，**環境影響評価法**（environmental impact assessment law：1997年6月制定）などがある。

〔2〕 **水質汚濁防止法** 水質汚濁防止法（water pollution prevention law）は，1970年12月に制定された。その第1条には，「この法律は，工場および事業場から公共用水域に排出される水の排出および地下に浸透する水の浸透を規制するとともに，生活排水対策の実施を推進することなどによって，公共用水域および地下水の水質の汚濁（水質以外の水の状態が悪化することを含む。以下同じ）の防止を図り，もって国民の健康を保護するとともに生活環境を保全し，ならびに工場および事業場から排出される汚水および廃液に関して人の健康にかかる被害が生じた場合における事業者の損害賠償の責任について定めることにより，被害者の保護を図ることを目的とする」とうたわれている。

海岸環境において最も重要な水質の保全に関して，汚濁防止のための公共用水域への排出規制，生活排水対策の推進，水質汚濁の状況の監視，水質事故などに伴う損害賠償等について定めた法律である。

〔3〕 **瀬戸内海環境保全特別措置法** 瀬戸内海環境保全特別措置法（law concerning special measures for conservation of the seto inland sea）は，1973年10月に臨時措置法として制定されたものが，1978年6月に特別措置法に改正されたものである。

この法律では，瀬戸内海を「わが国のみならず，世界においても比類のない美しさを誇る景勝地として，また，国民にとって貴重な漁業資源の宝庫として，その恵沢を国民が等しく享受し，後代の国民に継承すべきものである」(第3条）として，その第1条に，「この法律は，瀬戸内海の環境の保全上有効な施策の実現を推進するための瀬戸内海の環境の保全に関する計画の策定などに関し必要な事項を定めるとともに，特定施設の設置の規制，富栄養化による被害の発生の防止，自然海浜の保全などに関し特別の措置を講ずることにより，瀬戸内海の環境の保全を図ることを目的とする」とうたっている。

その他の海岸環境の保全・整備に関するおもな法律としては，廃棄物の適正処理や，海洋への不法投棄を規制した**廃棄物の処理及び清掃に関する法律**（waste disposal and public cleaning law：1970年12月制定），廃棄物の広域的な処理が必要と認められる区域において廃棄物の適正な埋立処理を規定した**広域臨海環境整備センター法**（law of regional offshore environmental improvement center：1981年6月制定）などがある。

コーヒーブレイク

地球温暖化と海面上昇

　イソップ寓話のなかに，「海水を全部飲み干してやる」と友人に安請け合いして困り果てている主人に，イソップが「海の水を飲み干す前に，まず，海に入り込む川の水を止めてくれ，と言いなさい」と知恵をつける話がある。実現できそうにない約束をさせる人と，それに安易にのる人とを風刺した話だが，話題が，地球温暖化と海面上昇，となると，にわかに現実味を帯びてくる。

　二酸化炭素などの温室効果ガスの増加に起因する地球温暖化と海面上昇は，今日，地球環境問題のなかでも特に深刻な問題としてクローズアップされている。こうした地球規模の環境変化が海岸および沿岸都市部の防災，利用および環境に及ぼす影響は，代表的なものだけでもつぎのようなものがある。

（防災）　河口部の想定氾濫区域の増大，低平地での内水浸水被害の拡大，総じて，沿岸域の災害ポテンシャルの増大化

（利用）　河川表流水の塩分濃度の増大化，塩水の地下水への進入，それらによる都市用水，農業用水などの取水障害の発生

（環境）　汽水域（海水と淡水とが混じり合い，塩分が少ない区域）の環境の激変とそれに伴う生態系への影響，ウォーターフロント空間の利用の阻害

　イソップならずとも，海と川との水交換を遮断するわけにはいかない。地球温暖化と海面上昇を考えるとき，海岸工学分野にも，いま「待ったなし」の環境保全対策が求められている。

演習問題

【1】 わが国の海岸の特徴について述べよ。

【2】 戦後から現在に至る海岸事業の変遷について，海岸保全の目的の変化と照らし合わせながら述べよ。

【3】 1999年5月の海岸法改正の要点について説明せよ。

【4】 海岸に関連するおもな法律を列挙し，それぞれの目的について説明せよ。

2

波の基本的な性質

　海面を眺めていると，水面は静止しているわけではなく，時間的ならびに空間的に変動しており，岸には大小さまざまな波が絶えず押し寄せてくることが観察される。このように実際に海面で発生している波は，いろいろな方向に進むさまざまな波高と周期をもった波が重なり合って複雑な形をしており，理論的な取扱いが困難である。このような波を **不規則波**（irregular waves）と呼んでいる。これに対し，波高，周期が一定の波が繰り返しやってくる理想的な波は **規則波**（regular waves）と呼ばれ，波の基本的な性質を理解するために規則波がよく用いられている。

2.1 波の特性値

　波の大きさは，図 *2.1* に示すように **波高**（wave height）と **波長**（wave length）によって表される。波高 H は **波の峰**（wave crest）と **波の谷**（wave

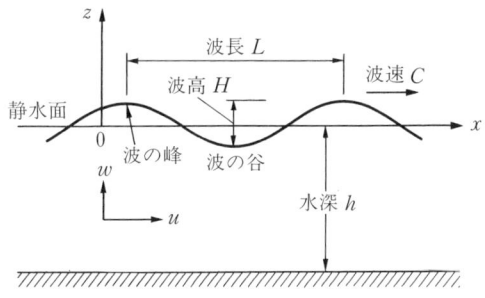

図 *2.1* 波の諸元

trough）との鉛直距離，波長 L は波の峰（または波の谷）からこれに続く波の峰（または波の谷）までの水平距離である．また，x 軸上のある一点で相つぐ波の峰（あるいは波の谷）が通過に要する時間を**周期**（wave period），波が進む速さを**波速**（wave velocity, wave celerity）といい，波長は波速 C と周期 T を用いて，$L = CT$ で表すことができる．また，波高と波長の比 H/L は**波形勾配**（wave steepness），水深と波長の比 h/L は水深波長比あるいは**相対水深**（relative depth）と呼ばれ，波の性質を表すときに重要となる無次元量である．なお，水深 h は水底から平均水面までの鉛直距離で表される．

2.2 波 の 分 類

〔**1**〕 **周期による波の分類**　海の波には非常に幅広い周期の波が含まれており，周期あるいは周波数（周期の逆数）で海の波を分類すると，**図 2.2** のようになる．

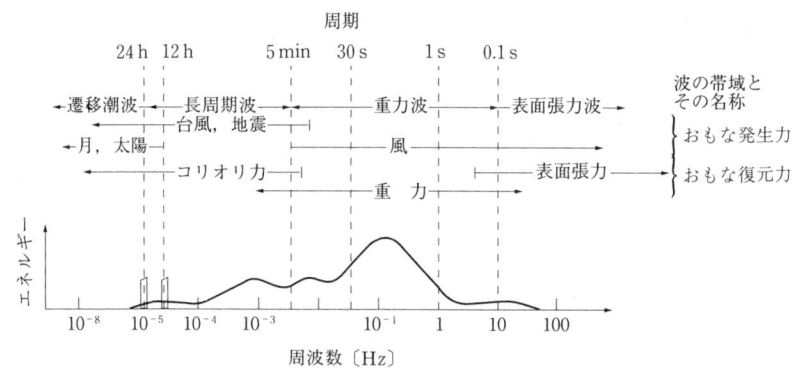

図 2.2　周期による海の波の分類〔（出典）　土木学会編：水理公式集（平成 11 年版），p. 429，土木学会（1999）〕

まず最も周期の短い波の運動が**表面張力波**（capillary waves）であり，この波は重力の作用よりもおもに水の表面張力により波が進行するもので，波長，波高とも非常に小さく，工学的には無視できる．

つぎに，重力の復元力により進行する波を**重力波**（gravity waves）といい，風が原因で発生・発達する重力波は，他の周期の波に比べて大きな波のエネルギーをもっており，工学的に特に問題となる．この重力波は**風波**（wind waves）と**うねり**（swell）の2種類に分けられる．風波は風によって発達途上あるいは十分発達した波で，うねりは風が吹いている領域から抜け出して進行している波である．風波とうねりを分ける周期は10 s程度と考えられ，うねりは風波より周期が大きく，周期は20～30 s程度までであり，波形勾配が小さい．

さらに，周期が20～30 s程度以上の波は長周期波と呼ばれ，波形勾配が小さく，波がなかなか減衰しないので，港や湾などの水面振動（副振動）の原因となり，係留した船舶の動揺を引き起こすことがある．

長周期波には，ほかに**3**章で説明する津波，高潮，潮汐などがある．高潮は気象の変化により生じるので**気象潮**（meteorological tide），潮汐は月，太陽などの引力によって生じるので**天文潮**（astronomical tide）ともいわれている．

〔**2**〕 **水深および理論的取扱いによる波の分類**　図**2.3**に示すように，海の波は水深波長比 h/L によって，**深海波**（deep water waves），**浅海表面波**（surface waves in shallow sea），**長波**（long waves）に分類される．深海

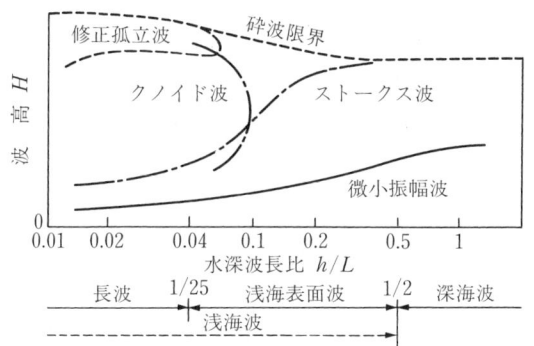

図**2.3**　水深および理論的取扱いによる波の分類〔(出典)
合田良實，佐藤昭二：海岸・港湾，p. 23, 彰国社(1981)〕

波は $h/L > 1/2$,長波は $h/L < 1/25$,浅海表面波はこの中間であり,長波と浅海表面波を合わせて**浅海波**（shallow water waves）と呼ぶこともある。深海波は水深が大きいので,波は海底の影響を受けずに進行し,長波では水底から水面までほぼ一様な動きをする。

波を理論的に取り扱う際に,波の振幅が非常に小さいと仮定し,計算を単純化して求めたものが**微小振幅波**（small amplitude waves）であり,波の理論の基本と考えられる。微小振幅波の理論で得られる結果は,通常の大きさの波に対しても多くの場合実用的に支障なく使用できる。しかしながら,波高が大きくなり,波長が短くなってくると,微小振幅波の理論では十分に現象を説明できなくなり,波高の影響を考慮に入れた理論を展開する必要がある。このように波高の影響を考慮に入れた理論が**有限振幅波**（finite amplitude waves）であり,**ストークス波**（Stokes wave）,**クノイド波**（cnoidal wave）,**修正孤立波**（modified solitary wave）などの理論があり,それらの適用範囲の概念図を図 2.3 に示す。

2.3 微小振幅波

$2.3.1$ 波の基礎方程式

図 2.1 に示したように,波の進行方向に x 軸をとり,z 軸を静水面から鉛直上向きにとる。このとき自由表面と海底面に囲まれた領域の流体運動に対する支配方程式は,式 (2.1)〜(2.3) に示す**オイラー**（Euler）**の運動方程式と連続式**である。

$$\text{運動方程式}: \frac{\partial u}{\partial t} + u\frac{\partial u}{\partial x} + w\frac{\partial u}{\partial z} = -\frac{1}{\rho}\frac{\partial p}{\partial x} \qquad (2.1)$$

$$\frac{\partial w}{\partial t} + u\frac{\partial w}{\partial x} + w\frac{\partial w}{\partial z} = -g - \frac{1}{\rho}\frac{\partial p}{\partial z} \qquad (2.2)$$

$$\text{連 続 式}: \frac{D\rho}{Dt} + \rho\left(\frac{\partial u}{\partial x} + \frac{\partial w}{\partial z}\right) = 0 \qquad (2.3)$$

ここで

$$\frac{D}{Dt} = \frac{\partial}{\partial t} + u\frac{\partial}{\partial x} + w\frac{\partial}{\partial z}$$

であり，u, w はそれぞれ x, z 方向の水粒子の速度成分，p は圧力，ρ は水の密度である．

水は通常，非圧縮性流体として取り扱われ，$D\rho/Dt = 0$ と仮定すると，連続式（2.3）は式（2.4）のようになる．

$$\frac{\partial u}{\partial x} + \frac{\partial w}{\partial z} = 0 \tag{2.4}$$

海の波は，海面が静止の状態から風などの自然外力によって発生するものと考えられ，波の運動に及ぼす水の粘性の影響を無視すると，流体力学の原理より流体は非回転運動である．このとき，水粒子の速度成分 u, w は速度ポテンシャルを用いて，式（2.5）のように表される．

$$u = \frac{\partial \phi}{\partial x}, \quad w = \frac{\partial \phi}{\partial z} \tag{2.5}$$

式（2.4）に式（2.5）を代入すると，式（2.6）が得られる．

$$\frac{\partial^2 \phi}{\partial x^2} + \frac{\partial^2 \phi}{\partial z^2} = 0 \tag{2.6}$$

これは**ラプラスの方程式**と呼ばれ，適当な境界条件のもとでこの方程式の解を求めることにより，波の特性を知ることができる．

つぎに，その境界条件について考える．オイラーの運動方程式を積分すると，つぎの圧力方程式あるいは拡張された**ベルヌーイ**（Bernoulli）**の式**が得られる．

$$\frac{\partial \phi}{\partial t} + gz + \frac{1}{2}\left\{\left(\frac{\partial \phi}{\partial x}\right)^2 + \left(\frac{\partial \phi}{\partial z}\right)^2\right\} + \frac{p}{\rho} = C(t) \tag{2.7}$$

ここで，$C(t)$ は時間のみに依存する積分定数である．平均水面からの水面変位を $z = \eta$ とすると，水面での圧力 p は大気圧に等しいので，ゲージ圧力として 0 とすると，条件式（2.8）が得られる．

$$\frac{\partial \phi}{\partial t} + g\eta + \frac{1}{2}\left\{\left(\frac{\partial \phi}{\partial x}\right)^2 + \left(\frac{\partial \phi}{\partial z}\right)^2\right\} = C(t) \quad : z = \eta \qquad (2.8)$$

これを水面に対する**力学的境界条件**（dynamic boundary condition）という。

また，水面上の水粒子がつねに水面に存在し，水面から水粒子が飛び出さない**運動学的境界条件**（kinematic boundary condition）が式 (2.9) で表される。

$$\frac{\partial \eta}{\partial t} = \frac{\partial \phi}{\partial z} - \frac{\partial \phi}{\partial x}\frac{\partial \eta}{\partial x} \quad : z = \eta \qquad (2.9)$$

さらに，もう一つの境界条件は海底における境界条件で，ここでは水粒子が底面に沿ってしか動けないので，底面に直角方向の流速成分は 0 である。すなわち，海底が水平の場合，海底の境界条件は式 (2.10) のようになる。

$$w = \frac{\partial \phi}{\partial z} = 0 \quad : z = -h \qquad (2.10)$$

したがって，三つの境界条件式 (2.8)〜(2.10) を満足する式 (2.6) のラプラス方程式の解を求めればよい。

2.3.2 微小振幅波理論

微小振幅波の理論は，1854 年に**エアリー**（Airy）によって発表されたもので，線形理論に基づく波である。水面変動量 η が小さく無視できると仮定すると，式 (2.8) における $(\partial \phi/\partial x)^2$ および $(\partial \phi/\partial z)^2$ は 0 とおくことができ，また一周期の平均をとれば $C(t)$ は 0 となり，結局，式 (2.8) は

$$\eta = -\frac{1}{g}\frac{\partial \phi}{\partial t} \quad : z = 0 \qquad (2.11)$$

と単純化される。また，式 (2.9) では $(\partial \phi/\partial x)(\partial \eta/\partial x)$ の項が無視できるので

$$\frac{\partial \eta}{\partial t} = \frac{\partial \phi}{\partial z} \quad : z = 0 \qquad (2.12)$$

となる。

ここで，表面波形が

$$\eta = \frac{H}{2}\cos(kx - \sigma t) \tag{2.13}$$

の正弦波で表される場合を考える。ここで，cos関数は余弦であるが，sin関数とcos関数は位相が90°ずれているだけであるので，一般に式 (2.13) の形の波を正弦波と呼んでいる。また，$k (= 2\pi/L)$ は**波数** (wave number)，$\sigma (= 2\pi/T)$ は**角周波数** (angular frequency) であり，式 (2.13) は波高 H，周期 T，波長 L の波が x の正の方向に進行する波形を示している。

ラプラスの方程式 (2.6) より，式 (2.10) と式 (2.12) の境界条件のもとで速度ポテンシャル ϕ を求めると，式 (2.14) のようになる。

$$\phi = \frac{H\sigma}{2k}\frac{\cosh k(h+z)}{\sinh kh}\sin(kx - \sigma t) \tag{2.14}$$

式 (2.13) および式 (2.14) を式 (2.11) に代入すると，式 (2.15) の**分散関係式** (dispersion relation equation) が得られる。

$$\sigma^2 = gk \tanh kh \tag{2.15}$$

これらの式で使用されている双曲線関数はつぎのように定義される。

$$\sinh x = \frac{e^x - e^{-x}}{2}, \quad \cosh x = \frac{e^x + e^{-x}}{2},$$

$$\tanh x = \frac{\sinh x}{\cosh x} = \frac{e^x - e^{-x}}{e^x + e^{-x}}$$

例題 2.1 $\eta = (H/2)\cos(kx - \sigma t)$ が波速 C で x の正方向に進む表面波形を表すことを示せ。

【解答】 上式を変形すると，$\eta = (H/2)\cos k\{x - (\sigma/k)t\} = (H/2)\cos k(x - ct)$ となる。ここで，η はある地点 x，時刻 t の水位上昇量 $\eta(x, t)$ を示している。波は $\varDelta t$ 時間に $C\varDelta t$ 進むので，$\varDelta t$ 時間後の $x + C\varDelta t$ の位置における水位上昇量

を求めると

$$\eta(x + C\Delta t, t + \Delta t) = \frac{H}{2} \cos k\{(x + C\Delta t) - (t + \Delta t)\}$$
$$= \frac{H}{2} \cos k(x - Ct)$$

となる。これは $\eta(x, t)$ と等しく、Δt 時間後に x の点から $x + C\Delta t$ の点に波形が移動したことになり、波速 C で x の正方向に波形が進むことを示す。　◇

〔**1**〕**波長および波速**　分散関係式 (2.15) に、$\sigma = 2\pi/T$ および $k = 2\pi/L$ を代入して変形すると、波長 L および波速 C は式 (2.16)、(2.17) のように表される。

$$L = \frac{g}{2\pi} T^2 \tanh \frac{2\pi h}{L} \tag{2.16}$$

$$C = \frac{L}{T} = \frac{g}{2\pi} T \tanh \frac{2\pi h}{L} \tag{2.17}$$

式 (2.16) より、水深 h と周期 T を与えれば、波長 L が求められ、波速 C は式 (2.17) あるいは $C = L/T$ から求めることができる。しかしながら、式 (2.16) は、両辺に求めるべき波長 L が含まれており、収束計算により L を求めなければならない。岩垣[7]は、最大で3％の誤差を許容するなら、右辺に波長を含まないつぎの近似式 (2.18) を提案している。

$$L = \frac{g}{2\pi} T^2 \tanh \left\{ 2\pi \sqrt{\frac{h}{gT^2}} \left(1 + \sqrt{\frac{h}{gT^2}} \right) \right\} \tag{2.18}$$

なお、関数機能のある電子式卓上計算機を用いて、式 (2.16) を満足させる波長を簡単に求めることもできるようになっている。

深海波については、水深波長比 h/L が 1/2 より大きいので、$\tanh 2\pi h/L$ はほぼ 1.0 と近似でき、長波については h/L が 1/25 より小さいので、$\tanh 2\pi h/L$ は $2\pi h/L$ と近似できる。したがって、深海波および長波の波長と波速は、式 (2.19)、(2.20) のようになる。

$$深海波：L_0 = \frac{g}{2\pi} T^2, \quad C_0 = \frac{g}{2\pi} T \tag{2.19}$$

長　波：$L = T\sqrt{gh}$,　　$C = \sqrt{gh}$ (2.20)

ここで，深海波の場合の波長と波速の添字0は，深海波を表す慣用記号である。式 (2.19)，(2.20) より，深海波の波長および波速は水深に無関係となり，周期だけの関数となる。また，長波の波速は周期に関係なく，水深だけの関数となることがわかる。

〔2〕 **水粒子の速度成分と軌跡**　　水面を波が進んでいくときは，水の粒子も波の波形とともに進んでいくように感じる。しかし，水の粒子は**図2.4**に示すように一定の場所をぐるぐる回るだけで，その位相が少しずつ異なるために波が進んでいるように見えるのである。このように水粒子は，深海波では円運動をしており，その直径は水深方向に指数関数的に減少し，水底まで波の影響は及ばない。これが浅海表面波になると水粒子は楕円形の運動を行い，水底付近でもある程度の動きを示す。さらに長波では水面から海底まで水粒子の運動はほぼ一様で，前後方向に運動する。

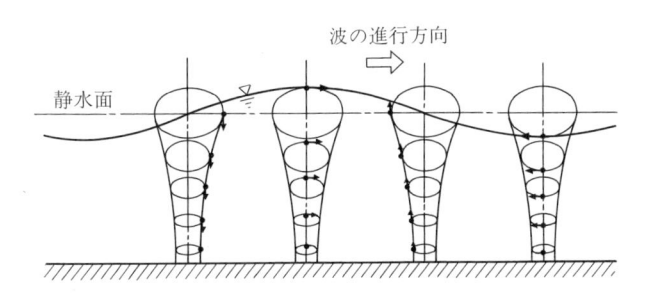

図 2.4　水粒子の速度成分と軌跡

水粒子の x 方向の速度成分 u，z 方向の速度成分 w は式 (2.5) に速度ポテンシャルの式 (2.14) を代入すると，それぞれ式 (2.21)，(2.22) のようになる。

$$u = \frac{\pi H}{T} \frac{\cosh k(h+z)}{\sinh kh} \cos(kx - \sigma t) \quad (2.21)$$

2. 波の基本的な性質

$$w = \frac{\pi H}{T} \frac{\sinh k(h+z)}{\sinh kh} \sin(kx - \sigma t) \tag{2.22}$$

つぎに水粒子の軌跡を求める。水粒子の平均位置 $(\bar{x}, \bar{z})$ から時刻 t における水粒子の位置 (x, z) までの水平および鉛直方向の変位 ξ, ζ は、$\xi = x - \bar{x}$, $\zeta = z - \bar{z}$ とおいて

$$u = \frac{d}{dt}(x - \bar{x}) = \frac{d\xi}{dt}, \quad w = \frac{d}{dt}(z - \bar{z}) = \frac{d\zeta}{dt}$$

であるから、ξ, ζ はそれぞれ式 (2.23), (2.24) のようになる。

$$\xi = \int \frac{\pi H}{T} \frac{\cosh k(h+z)}{\sinh kh} \cos(kx - \sigma t)\, dt \tag{2.23}$$

$$\zeta = \int \frac{\pi H}{T} \frac{\sinh k(h+z)}{\sinh kh} \sin(kx - \sigma t)\, dt \tag{2.24}$$

上式 (2.23), (2.24) の積分のなかの x, z は、ξ および ζ を含むのでこのままでは積分できない。そこで、次式のように u および w を $(\bar{x}, \bar{z})$ の周りに Taylor 展開すると

$$\left.\begin{aligned}u(x, z\,;\,t) &= u(\bar{x}, \bar{z}\,;\,t) + \xi \frac{\partial u(\bar{x}, \bar{z}\,;\,t)}{\partial x} + \zeta \frac{\partial u(\bar{x}, \bar{z}\,;\,t)}{\partial z} + \cdots \\ w(x, z\,;\,t) &= w(\bar{x}, \bar{z}\,;\,t) + \xi \frac{\partial w(\bar{x}, \bar{z}\,;\,t)}{\partial x} + \zeta \frac{\partial w(\bar{x}, \bar{z}\,;\,t)}{\partial z} + \cdots\end{aligned}\right\}$$

となる。第1次近似として右辺の第2項以下を省略すると、結局、式 (2.25), (2.26) が求められる。

$$\xi = -\frac{H}{2} \frac{\cosh k(h+\bar{z})}{\sinh kh} \sin(k\bar{x} - \sigma t) \tag{2.25}$$

$$\zeta = \frac{H}{2} \frac{\sinh k(h+\bar{z})}{\sinh kh} \cos(k\bar{x} - \sigma t) \tag{2.26}$$

式 (2.25), (2.26) から t を消去すると

$$\frac{\xi^2}{A^2} + \frac{\zeta^2}{B^2} = 1 \tag{2.27}$$

となる。ここで

$$A = \frac{H}{2}\frac{\cosh k(h+\bar{z})}{\sinh kh}, \quad B = \frac{H}{2}\frac{\sinh k(h+\bar{z})}{\sinh kh} \quad (2.28)$$

である。これは水粒子の平均位置を中心とした楕円運動である。

　しかし、海面に浮かんだ小さなごみなどは、波によってしだいに岸のほうに運ばれてくる。これは水粒子が**図 2.5**に示すように、微小振幅波の場合のように楕円運動ではなく、らせん状の軌道を動き、一周期ごとに少しずつ波の進行方向へ移動しながら運動している。このように波によって水の実質部分が波の進行方向に運ばれている現象を**質量輸送**（mass transport）といい、その平均の速度を**質量輸送速度**（mass transport velocity）という。ストークスの第2次近似解でこの速度を求めることができ、式(2.29)のように表される。

$$\bar{U} = \frac{\pi^2 H^2}{2TL}\frac{\cosh 2k(h+\bar{z})}{\sinh^2 kh} \quad (2.29)$$

ここで、$\bar{U}$ は質量輸送速度、$\bar{z}$ は静水時の水粒子の z の値である。

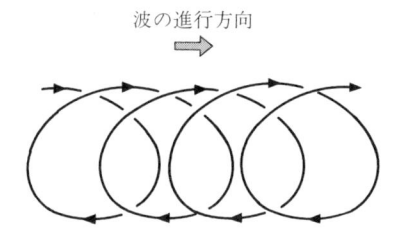

図 2.5　水粒子の運動

　式(2.29)からわかるように、$\bar{U}$ は波高の2乗に比例するので、波高が大きくなるにつれて質量輸送が顕著になる。また、$\bar{U}$ は $\bar{z}=0$ つまり水面で最大で、海底に近づくにつれて小さくなり、海底で最小となる。この現象により、水の実質部分は時間とともに岸方向へ輸送されることになる。したがって、この水量と同量の戻り流れが発生する必要があり、実際の海岸では特定の場所で沖向きの流れが発達する離岸流が発生して、流れが平衡状態になっている。

〔3〕　**重　複　波**　　波の進行方向に構造物があると、入射してきた波は構

造物で反射され，構造物前面では**入射波**（incident waves）と**反射波**（reflected waves）が重なり合って**重複波**（standing waves, clapotis）あるいは定常波を形成する。

いま波高 H，周期 T，波長 L が等しく，進行方向が逆方向の二つの波が重なり合った場合，波形は式（2.30）で表される。

$$\eta = \frac{H}{2}\cos(kx - \sigma t) + \frac{H}{2}\cos(kx + \sigma t) \qquad (2.30)$$

ここで，右辺第1項は x の正方向に進む波を表し，右辺第2項は x の負の方向へ進む波を表す。式（2.30）を変形すると式（2.31）となる。

$$\eta = H\cos kx \cos \sigma t \qquad (2.31)$$

また，x, z 方向の水粒子の速度成分 u, w および平均位置 $(\bar{x}, \bar{z})$ の変位 ξ, ζ は，波形と同じように入射波と反射波の重ね合わせとして式（2.32）〜（2.35）のように求められる。

$$u = H\sigma \frac{\cosh k(h+z)}{\sinh kh} \sin \sigma t \sin kx \qquad (2.32)$$

$$w = -H\sigma \frac{\sinh k(h+z)}{\sinh kh} \sin \sigma t \cos kx \qquad (2.33)$$

$$\xi = -H \frac{\cosh k(h+\bar{z})}{\sinh kh} \cos \sigma t \sin k\bar{x} \qquad (2.34)$$

$$\zeta = H \frac{\sinh k(h+\bar{z})}{\sinh kh} \cos \sigma t \cos k\bar{x} \qquad (2.35)$$

図2.6 に示すように，式（2.31）の波形の包絡線が $\pm H\cos kx$ で表され，$\cos kx = 0$ となる $x = L/4, 3L/4, 5L/4, \cdots$ の点では節になり，水粒子は水平方向に運動する。また，$\cos kx = \pm 1$ となる $x = L/2, L, 3L/2, \cdots$ の点では腹になり，水粒子は鉛直方向に運動する。

なお，この重複波は，進行波が岸壁などの鉛直壁に衝突し，エネルギー損失を伴わないで波が完全に反射した場合に相当する。波の反射に際して，エネルギー損失がある場合は，**5**章で波の反射率（＝反射波高/入射波高）を推定す

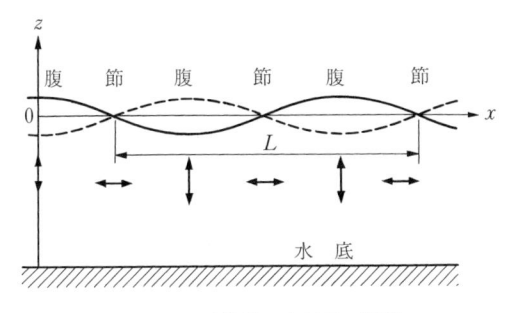

図 2.6　重複波の水粒子の運動

るのに使用されている。

　重複波は，鉛直壁に波が斜めに入射し，入射角と等しい角度で反射されるときにも斜め重複波が形成され，その波形は式 (2.36) のように表される．

$$\eta = \frac{H}{2}\cos\{(kx\cos\beta + ky\sin\beta) - \sigma t\}$$
$$+ \frac{H}{2}\cos\{(kx\cos\beta - ky\sin\beta) + \sigma t\}$$
$$= H\cos(kx\cos\beta)\cos(ky\sin\beta - \sigma t) \qquad (2.36)$$

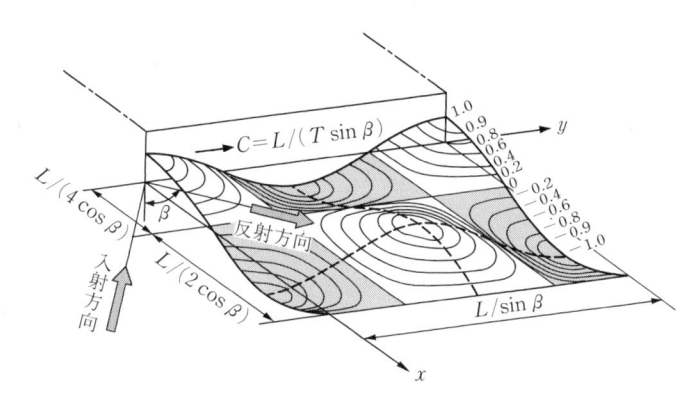

図 2.7　斜め重複波の波形〔(出典)　土木学会編：水理公式集 (昭和 46 年版)，p. 505，土木学会 (1961)〕

ここで，β は入射角であり，入射波の波向きと壁面に対する垂線とのなす角である．

斜め重複波の波形は**図 2.7** に示すように，y 方向に波長 $L/\sin\beta$，x 方向に波長 $L/\cos\beta$ をもった網目模様を形成し，全体が y 方向に $(L/T)\sin\beta$ の位相速度で伝播する．

〔**4**〕**群　　波**　　周期が異なるが，進行方向が同じで波高の等しい二つの微小振幅波を重ね合わせると，その波形は式 (2.37) で表される．

$$\eta = \frac{H}{2}\cos(k_1 x - \sigma_1 t) + \frac{H}{2}\cos(k_2 x - \sigma_2 t)$$

$$= H\cos\left(\frac{k_1 - k_2}{2}x - \frac{\sigma_1 - \sigma_2}{2}t\right)\cos\left(\frac{k_1 + k_2}{2}x - \frac{\sigma_1 + \sigma_2}{2}t\right)$$

$$(2.37)$$

この波は，$4\pi/(k_1 + k_2)$ の波長と $4\pi/(\sigma_1 + \sigma_2)$ の周期をもち，振幅が $H \times \cos\{(k_1 - k_2)x/2 - (\sigma_1 - \sigma_2)t/2\}$ のように変化する進行波と考えられる．**図 2.8** にこの波の波形を示す．

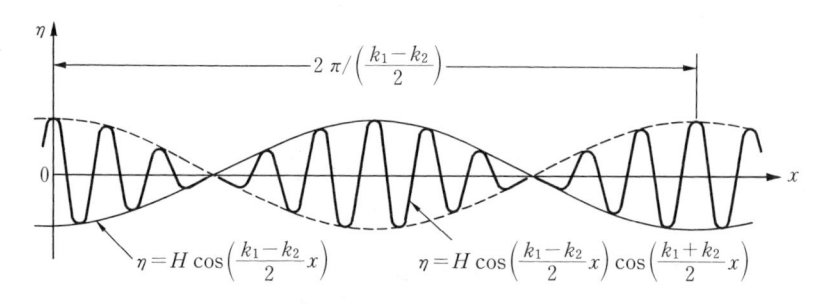

図 2.8　群　波　の　波　形

図中の破線は，$H\cos\{(k_1 - k_2)x/2 - (\sigma_1 - \sigma_2)t/2\}$ の波形を表している．$k_1 \approx k_2$，$\sigma_1 \approx \sigma_2$ とすると，波の振幅は一定間隔ごとに 0 から H の間をゆっくり変化し，この波は $\cos\{(k_1 + k_2)x/2 - (\sigma_1 + \sigma_2)t/2\}$ によって表される多数の波の群からなっている．このような波を**群波**（group waves）と呼び，その進行する速度を**群速度**（group velocity）という．

このような群速度は $\cos\{(k_1 - k_2)x/2 - (\sigma_1 - \sigma_2)t/2\}$ の波の進行速度であ

り，$(\sigma_1 - \sigma_2)/(k_1 - k_2)$ であるが，特に $(k_1 - k_2) \to 0$, $(\sigma_1 - \sigma_2) \to 0$ のときの極限の群速度を C_g とすれば

$$C_g = \frac{d\sigma}{dk} \tag{2.38}$$

で表される．ここで，σ と k の間には分散関係式 (2.15) の関係があるので，群速度 C_g は式 (2.39) のようになる．

$$C_g = \frac{d\sigma}{dk} = \frac{\sigma}{2k}\left(1 + \frac{2kh}{\sinh 2kh}\right) \tag{2.39}$$

また，$c = \sigma/k$ の関係を用いて，変形すると

$$C_g = nc, \quad n = \frac{1}{2}\left(1 + \frac{2kh}{\sinh 2kh}\right) \tag{2.40}$$

になる．特に，深海波の場合には，$h/L \to \infty$ とすれば，$n = 1/2$ となるので，深海波の群速度は単一波の波速の $1/2$ であり，また長波の場合には，$h/L \to 0$ であるから $n = 1$ となって，長波の群速度は単一波の波速に等しいことがわかる．

〔5〕 **波のエネルギーとその輸送**　波が存在すると，水粒子の位置が変化し，ある速度で運動しているので，水粒子は位置および運動エネルギーをもっている．水面の単位面積当りの波による水の位置エネルギー E_p は，静水面を基準にとり，1波長の平均をとると

$$E_p = \frac{\rho g}{L}\int_{-L/2}^{L/2}\int_0^{\eta} z\, dxdz \tag{2.41}$$

となり，また1波長当りの運動エネルギー E_k は

$$E_k = \frac{\rho}{2L}\int_{-L/2}^{L/2}\int_{-h}^{\eta}(u^2 + w^2)\, dxdz \tag{2.42}$$

で定義される．

進行波の微小振幅波について，E_p および E_k を求めると

$$E_p = \frac{\rho g}{2L}\int_{-L/2}^{L/2}\eta^2 dx = \frac{\rho g H^2}{8L}\int_{-L/2}^{L/2}\cos^2(kx - \sigma t)\, dx = \frac{\rho g H^2}{16} \tag{2.43}$$

2. 波の基本的な性質

$$E_k = \frac{\rho}{2L} \int_{-L/2}^{L/2} \int_{-h}^{0} (u^2 + w^2) dx dz$$

$$= \frac{\rho \sigma^2}{8L} \frac{H^2}{\sinh^2 kh} \int_{-L/2}^{L/2} \int_{-h}^{0} \{\cos^2(kx - \sigma t) + \sinh^2 k(h + z)\} \, dx \, dz$$

$$= \frac{1}{16} \rho g H^2 \qquad (2.44)$$

となる。したがって、水面の単位面積当りの水のもつ波の平均の全エネルギー E は式 (2.45) となる。

$$E = E_k + E_p = = \frac{1}{8} \rho g H^2 \qquad (2.45)$$

つぎに波のエネルギーの輸送について考える。いま x 軸に垂直な面を通して、単位幅当り単位時間に、x 軸の正の方向に輸送されるエネルギー W は、式 (2.46) のように定義される。

$$W = \rho g \int_{-h}^{\eta} \left\{ \frac{1}{2g}(u^2 + w^2) + \frac{p}{\rho g} + z \right\} u dz \qquad (2.46)$$

波が非回転運動ならば、圧力方程式 (2.7) の $C(t)$ を速度ポテンシャル ϕ に含めると、式 (2.46) は式 (2.47) のようになる。

$$W = -\rho \int_{-h}^{\eta} u \frac{\partial \phi}{\partial t} dz \qquad (2.47)$$

ここで、ϕ は式 (2.14)、u は式 (2.21) で表されるので、微小振幅波 ($\eta \approx 0$) とすると

$$W = \frac{1}{8} \rho g H^2 C \left(1 + \frac{2kh}{\sinh 2kh}\right) \cos^2(kx - \sigma t) \qquad (2.48)$$

となり、輸送されるエネルギーの一周期当りの平均 $\overline{W}$ は

$$\overline{W} = \frac{1}{T} \int_0^T W dt = \frac{\rho g H^2 C}{16} \left(1 + \frac{2kh}{\sinh 2kh}\right) = E C_g = nEC \qquad (2.49)$$

となり、波の全エネルギーは群速度で伝達されることを示している。

例題 2.2 周期 5 s, 波高 1 m の深海波について, 波長, 波速, 群速度およびエネルギー輸送量を求めよ。ただし, 海水の比重を 1.03 とする。

【解答】 深海波の波長と波速は式 (2.19) より

$$L_0 = \frac{g}{2\pi} T^2 = \frac{9.8}{2 \times 3.14} \times 5^2 = 39.0 \,[\text{m}]$$

$$C_0 = \frac{g}{2\pi} T = \frac{9.8}{2 \times 3.14} \times 5 = 7.8 \,[\text{m/s}]$$

深海波の群速度は式 (2.40) より, kh が大きいとすると $n = 1/2$ となり

$$C_g = n c_0 = \frac{1}{2} \times 7.8 = 3.9 \,[\text{m/s}]$$

エネルギー伝達量は式 (2.49) より

$$\overline{W} = E C_g = \frac{1}{8} \rho g H^2 C_g = \frac{1}{8} \times 1\,030 \times 9.8 \times 1^2 \times 3.9$$

$$= 4\,920.8 \,[\text{J/s/m}]$$

となる。 ◇

2.4 波の変形

2.4.1 水深減少による波の変形

深海領域 ($h/L > 1/2$) では, 波はほとんど海底の影響を受けず, 変形することなく進行する。しかし, 波が浅海領域 ($h/L < 1/2$) に入ってくると, 波は海底の影響を受けて波高, 波長および波速が変化する。一般に, 規則的な波が深海領域から浅海領域に入ってくると, 波高はいったん小さくなるが, その後はしだいに大きくなる。この屈折を伴わない水深変化のみによる波高の変化は, **浅水変形** (shoaling) と呼ばれ, 波のエネルギー輸送の観点からつぎのように求めることができる。

いま, 水深の変化が緩やかで, それぞれの位置においては一様水深に対する微小振幅波の理論が適用できるものと仮定する。また, 等深線はすべて平行な直線状であって, 波は等深線に対して直角方向に入射すると仮定する。

図 2.9 のように，断面Ｉと断面ＩＩの間で，海底摩擦などのエネルギー損失がないとすると，断面Ｉと断面ＩＩでの単位幅，単位時間のエネルギー輸送量は等しく，式 (2.50) の関係が成り立つ．

$$(nEC)_\mathrm{I} = (nEC)_\mathrm{II} \tag{2.50}$$

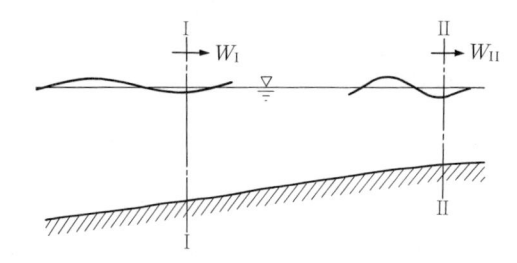

図 2.9　波のエネルギー輸送量

断面Ｉを水深の影響を受けない深海領域とし，深海波（沖波）の諸量を添字 0 を付けて示し，断面ＩＩを水深の影響を受ける浅海領域にとると，浅海波の任意地点での nEC が沖波の $n_0 E_0 C_0$ に等しいことになる．

$$nEC = n_0 E_0 C_0 \tag{2.51}$$

式 (2.51) に深海波の $n_0 = 1/2$，進行波のもつエネルギー $E = \rho g H^2/8$ を代入し変形すると，深海から浅海に進むときの波高の変化が式 (2.52) のようになる．

$$\frac{H}{H_0} = \sqrt{\frac{1}{2n}\frac{C_0}{C}} = \left\{\left(1 + \frac{2kh}{\sinh 2kh}\right)\tanh kh\right\}^{-1/2} = K_s \tag{2.52}$$

ここで，H_0 は沖波波高であり，右辺の K_s は **浅水係数** (shoaling coefficient) と呼ばれている．式 (2.52) に含まれている n および C は水深波長比 h/L の関数で，h/L_0 によって一義的に値が求まる．

図 2.10 は，h/L_0 による K_s，n，C/C_0，h/L の値の変化を示したものである．図より，深海領域では当然 K_s の値は 1 で波高は変化せず，水深が浅くなると K_s は一度小さくなって h/L_0 が 0.16 付近で沖波の波高の約 1 割程度減少し，さらに水深が浅くなって h/L_0 が 0.06 以下になると波高が沖波波高より急激に大きくなっている．実際には，海底摩擦などによる波高減衰により，これほど大きくはならない．

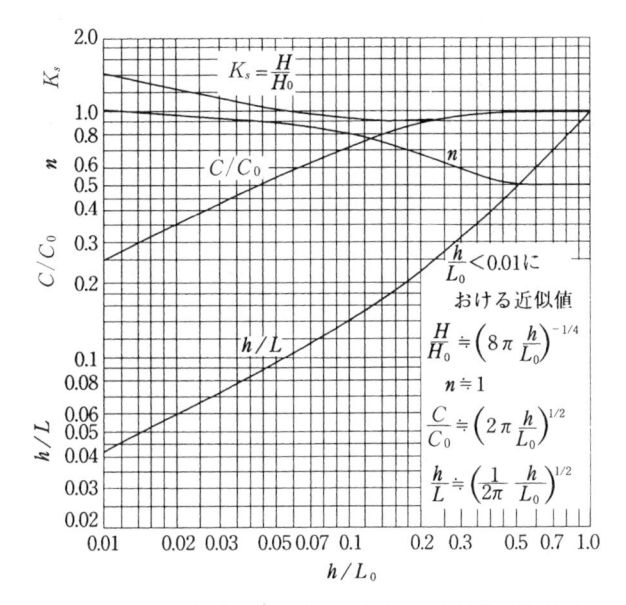

図 2.10 微小振幅波による波長，波速，浅水係数の算定図表
〔(出典) 土木学会編：水理公式集 (平成 11 年版)，p. 458，土木学会 (1999)〕

例題 2.3 周期 6 s，波高 2 m の沖波が，等深線が平行な海岸に直角に入射した場合，水深 5 m の地点における波高を求めよ。

【解答】 この例題では数式あるいは図表を用いて波高を求めることができる。
最初に数式から求める場合は，式 (2.52) の波数 k を求める必要がある。まず水深 5 m，周期 6 s のときの波長 L を式 (2.16) あるいは式 (2.18) より求めると，$L = 38.07$ m，$kh = 2\pi h/L = 2 \times 3.14 \times 5/38.07 = 0.825$ となり，浅水係数はつぎのようになる。

$$K_s = \left\{\left(1 + \frac{2kh}{\sinh 2kh}\right)\tanh kh\right\}^{-1/2} = \left\{\left(1 + \frac{2 \times 0.825}{\sinh(2 \times 0.825)}\right)\tanh 0.825\right\}^{-1/2}$$
$$= 0.943$$

したがって，水深 5 m の地点の波高は $H = K_s \times H_0 = 0.943 \times 2 = 1.9$ [m] となる。

図表を用いる場合，$h/L_0 = 5 \times 2 \times 3.14/(9.8 \times 6^2) = 0.089$ となるので，**図 2.10** より，浅水係数は $K_s \cong 0.94$ となり，式 (2.52) から求めた結果とほぼ一致

する。　　　　　　　　　　　　　　　　　　　　　　　　　　　　◇

2.4.2 屈　　　折

〔1〕 **屈折の原理**　　波が深海領域から浅海領域に進行してくると，波が海底の影響を受けて，波速が小さくなる。そのために，浅海において波が等深線に対して斜めに入射すると，波の進行方向が屈曲し，波高が変化する。この現象を**屈折**（refraction）現象という。図 **2.11** のように，水深が h_1 から h_2 に浅くなる直線状の境界線に，波が斜めに α_1 という角度で入射したとき，α_2 という角度で屈折する場合を考えると，α_1 と α_2 の関係は，光と同じように式 (2.53) の**スネルの法則**（Snell's law）で表される。

$$\frac{\sin \alpha_2}{\sin \alpha_1} = \frac{C_2}{C_1} \tag{2.53}$$

ここで，C_1 および C_2 はそれぞれ水深 h_1 および h_2 に対応した波速である。

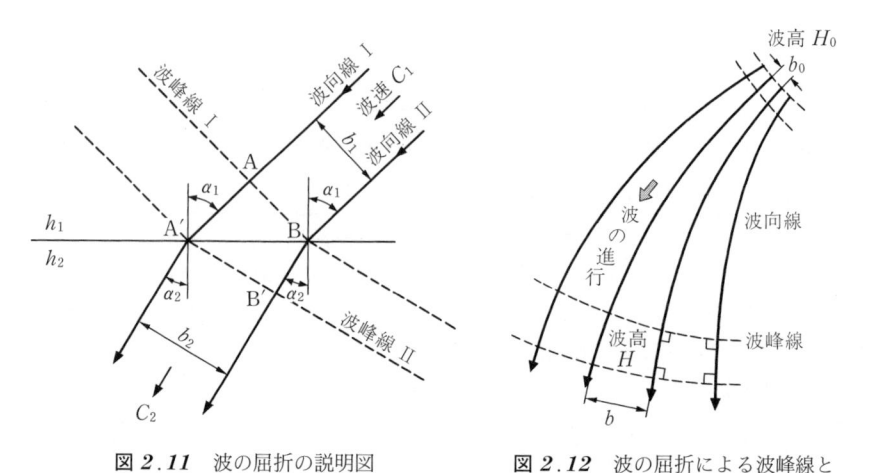

図 **2.11**　波の屈折の説明図　　　　図 **2.12**　波の屈折による波峰線と波向線の変化

〔2〕 **屈折に伴う波高の変化**　　図 **2.12** に示すように，深海領域から浅海領域に斜めに入射すると波は屈折し，波向線の間隔が深海領域で b_0 であったものが，浅海領域のある地点では b に変化する。波向線は波の進行方向を示したものであり，この2本の波向線を横切ってエネルギーの出入りがないと

し，海底摩擦などのエネルギー損失を無視すると，波向線の間で輸送される波のエネルギーは保存される．深海領域の諸量を添字 0 で表し，浅海領域では添字なしで表すと

$$b_0 n_0 E_0 C_0 = bnEC = \text{const.} \tag{2.54}$$

となる．式 (2.54) で $n_0 = 1/2$, $E_0 = \rho g H_0^2/8$, $E = \rho g H^2/8$ を代入し，整理すると式 (2.55) が得られる．

$$\frac{H}{H_0} = \sqrt{\frac{1}{2n} \frac{C_0}{C}} \sqrt{\frac{b_0}{b}} = K_s K_r \tag{2.55}$$

ここで，$K_r = \sqrt{b_0/b}$ であり，K_r は屈折係数と呼ばれている．

等深線が平行な直線状の海岸に波が斜めに入射するときの屈折は，式 (2.53) を深海領域の等深線から順に適用することによって，式 (2.56)，(2.57) のように計算できる．

屈 折 角： $\dfrac{\sin \alpha}{\sin \alpha_0} = \dfrac{C}{C_0}$ $\tag{2.56}$

屈折係数： $K_r = \left(\dfrac{b_0}{b}\right)^{1/2} = \left(\dfrac{\cos \alpha_0}{\cos \alpha}\right)^{1/2}$

$$= \left[1 + \left\{1 - \left(\frac{C}{C_0}\right)^2\right\} \tan^2 \alpha_0 \right]^{-1/4} \tag{2.57}$$

ここで，α_0 は波が深海領域から浅海領域に入るときの入射角である．

C/C_0 は図 **2.10** で示されるように h/L_0 の関数であるから，深海領域での波の入射 α_0 を与えれば，式 (2.56) より水深 h における α の値が，また式 (2.57) より K_r の値が求められる．この関係を図示したのが図 **2.13** である．

実際の海岸では水深の変化は複雑で，屈折は数値計算で求める場合が多い．屈折計算で用いる基礎方程式は，式 (2.58) に示す波向線方程式である．

$$\frac{\Delta \alpha}{\Delta s} = \frac{1}{C} \left(\sin \alpha \frac{\Delta C}{\Delta x} - \cos \alpha \frac{\Delta C}{\Delta y}\right) \tag{2.58}$$

ここで，図 **2.14** に示すように α は波向線と x 軸のなす角，s は波向線の

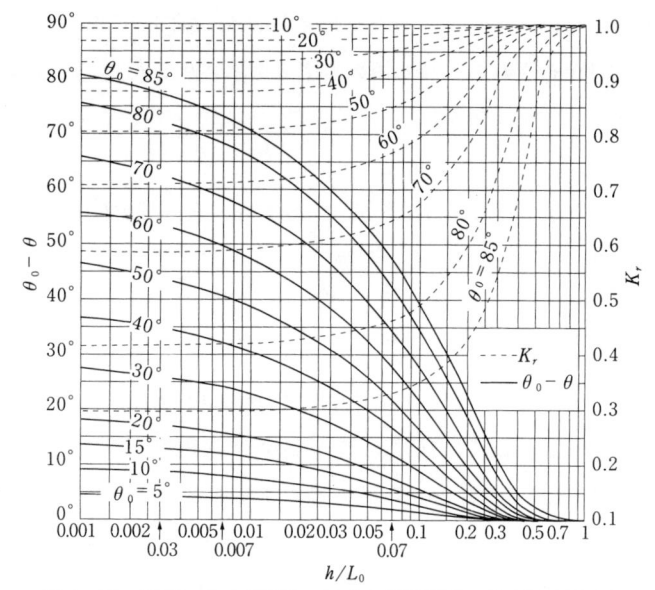

図 2.13 屈折による規則波の波向と屈折係数の算定図〔(出典) 土木学会編：水理公式集（平成11年版），p. 460，土木学会 (1999)〕

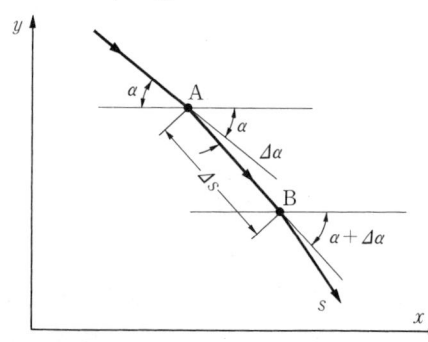

図 2.14 波向線の計算法

方向軸を示す。水深と周期が与えられると，波速 C および x，y 方向の変化率 $\Delta C/\Delta x$，$\Delta C/\Delta y$ が求まり，A点からつぎのB点までの距離 Δs を与えれば，式 (2.58) より $\Delta \alpha$ が決まり，点Bが定まることになる。これを繰り返すことにより，屈折図を作成することができる。

例題 2.4 等深線が平行な海岸に，波高 $H_0 = 3\,\mathrm{m}$，周期 $T = 6\,\mathrm{s}$ の沖波

が，入射角 $\theta_0 = 40°$ で来襲するとき，水深 5 m の地点における波の入射角 θ，屈折係数 K_r および波高 H を求めよ．

【解答】 図 2.13 の横軸 $h/L_0 = 5 \times 2 \times 3.14 /(9.8 \times 6^2) = 0.089$，入射角 $\theta_0 = 40°$ に対応する $\theta_0 - \theta$ および屈折係数 K_r はそれぞれ $14.5°$，0.925 となる．したがって，水深 5 m の地点における入射角は $\theta = 40° - 14.5° = 25.5°$ となる．

【例題 2.3】より，浅水係数は $K_s = 0.943$ となるので，水深 5 m の地点の波高は，$H = K_s K_r H_0 = 0.943 \times 0.925 \times 3 = 2.62$ [m] となる．　　　◇

2.4.3 回　　折

波は，島や防波堤で遮られても，その背後に回り込んでいく．このような現象を波の **回折**（diffraction）といい，水深が一定で微小振幅波理論が適用できると仮定して，回折波の波高分布が理論的に求められている．いま波の進行方向を y 軸，それと直角方向に x 軸とし，静水面を原点として鉛直上方に z 軸をとる．非圧縮性，非回転運動に対して速度ポテンシャル ϕ が存在し，ϕ はラプラス方程式（2.59）を満足する．

$$\frac{\partial^2 \phi}{\partial x^2} + \frac{\partial^2 \phi}{\partial y^2} + \frac{\partial^2 \phi}{\partial z^2} = 0 \qquad (2.59)$$

ここで，速度ポテンシャル ϕ は，微小振幅波理論を誘導するときに用いた三つの境界条件式（2.10）〜（2.12）を満足する必要がある．これらの条件を満たす式（2.59）の解を式（2.60）のようにおく．

$$\phi = AiF(x, y) \cosh k(h + z) e^{i\sigma t} \qquad (2.60)$$

ここで，A は定数，$i (=\sqrt{-1})$ は虚数単位，$F(x, y)$ は複素関数であり，式（2.60）を式（2.59）に代入すると，$F(x, y)$ が満足すべき **ヘルムホルツ**（Helmholtz）**の方程式**（2.61）を得る．

$$\frac{\partial^2 F}{\partial x^2} + \frac{\partial^2 F}{\partial y^2} + k^2 F = 0 \qquad (2.61)$$

一方，式（2.60）を水面における力学的境界条件式（2.11）に代入する

と，式（2.62）が得られる．

$$\eta = -\frac{1}{g}\left(\frac{\partial \phi}{\partial t}\right)_{z=0} = \frac{A\sigma}{g} e^{i\sigma t} \cosh kh \ F(x, y) \qquad (2.62)$$

y 軸の正方向へ進行する波の場合は，$F(x, y) = e^{-iky}$ とおくと，これは式（2.61）を満足し，その入射波形は式（2.63）で表される．

$$\eta_I = \frac{A\sigma}{g} e^{i(\sigma t - ky)} \cosh kh \qquad (2.63)$$

式（2.62）と式（2.63）の比をとると式（2.64）が求められる．

$$\frac{\eta}{\eta_I} = e^{iky} F(x, y) \qquad (2.64)$$

したがって，入射波の波高を H_I とすると任意の地点における波高 H との比は

$$\frac{H}{H_I} = \left|\frac{\eta}{\eta_I}\right| = |F(x, y)| = K_d \qquad (2.65)$$

となり，この波高比 K_d を**回折係数**（diffraction coefficient）と呼んでいる．また，入射波との位相差は，式（2.66）で与えられる．

$$\arg\left(\frac{\eta}{\eta_I}\right) = ky + \arg\{F(x, y)\} \qquad (2.66)$$

したがって，回折による波高分布や位相角の変化は複素関数 $F(x, y)$ によって決まるので，式（2.61）のヘルムホルツの方程式を解けばよいことになる．

式（2.61）を満足する解は，**ゾンマーフェルト**（Sonmmerfeld）**の光の回折理論**を用いて求められている．半無限防波堤や直線防波堤開口部のような単純な境界に対しては，解析解が求められており，その一例を**図 2.15**に示す．図（a）は半無限防波堤による**回折図**（diffraction diagram）で，また，図（b）は波長と同じ長さの開口幅 B をもつ防波堤に波が直角に入射した場合の回折図であり，縦軸と横軸を波長で無次元化して K_d の等値線を描いてある．なお，開口幅が波長の 5 倍以上になると，防波堤の遮へい領域の回折係数は半無限防波堤のときと大差がなくなる．

2.4 波 の 変 形　　43

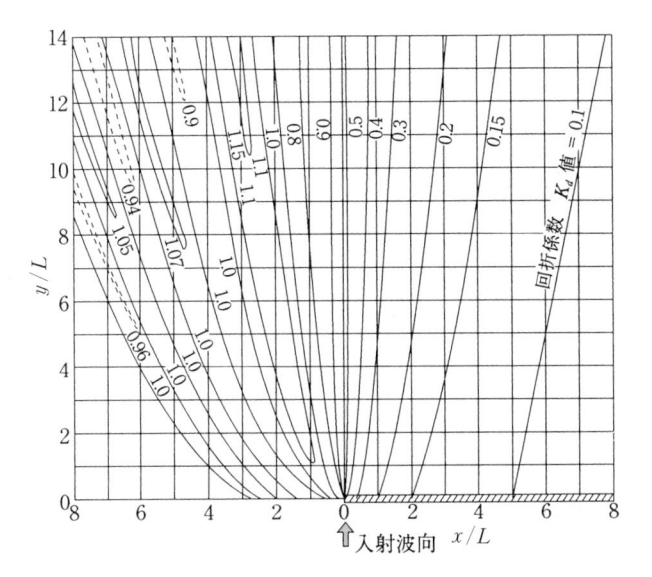

(a) 半無限防波堤による回折図

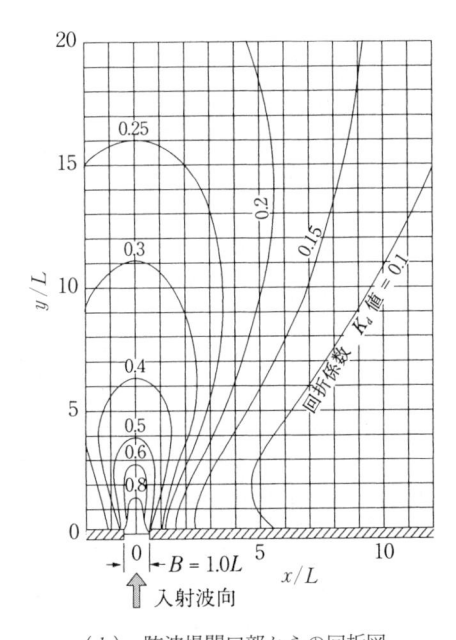

(b) 防波堤開口部からの回折図

図 2.15　防波堤による回折図〔(出典)　土木学会編：水理公式集（平成 11 年版），pp. 461〜462，土木学会（1999）〕

以上は規則波に対する回折係数であるが，不規則波の場合には規則波より回折係数が大きくなるので，実際の海の波に適用するときには注意を要する。

2.4.4 海底摩擦

波が深海領域から浅海領域に伝播してくると，**海底摩擦**（sea bottom friction）の影響を受けて波は減衰する。一定水深 h の海域を Δx の距離だけ波が伝播するとき，波高変化が式 (2.67) のように表される。

$$\frac{H}{H_1} = K_f = \left\{1 + \frac{64}{3}\frac{\pi^3}{g^2}\frac{fH_1 \Delta x}{h^2}\left(\frac{h}{T^2}\right)^2 \frac{K_s^2}{\sinh^3 kh}\right\}^{-1} \quad (2.67)$$

ここで，K_f は波高減衰率を示し，Δx の距離を伝播した後の波高 H と変化前の波高 H_1 の比，また f は摩擦係数を示している。この関係を示したものが図 **2.16** であり，m・s 単位である。

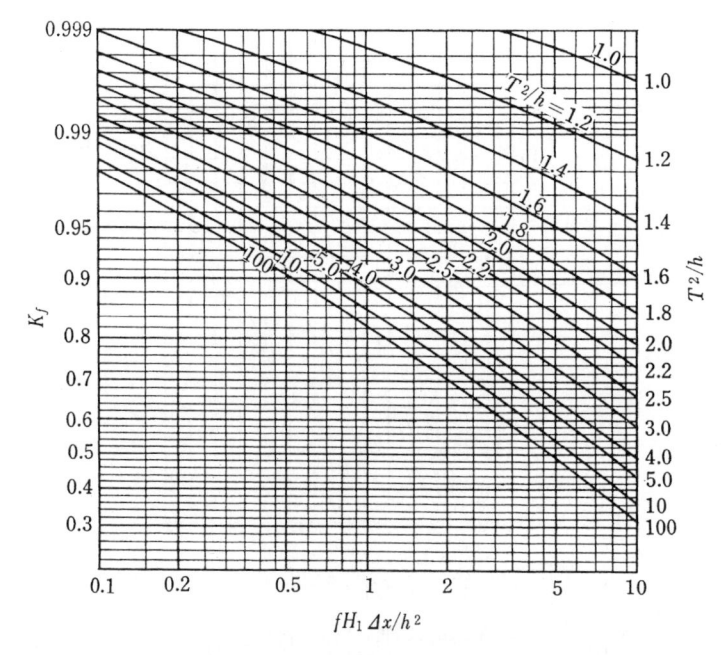

図 **2.16** 海底摩擦による波高減衰率 K_f〔(出典) 土木学会編：水理公式集（昭和60年版），p. 501，土木学会（1985）〕

2.4.5 砕　　　波

〔**1**〕　**砕波の形式**　波が深海領域から浅海領域に侵入すると，波は海底地形の影響を受けるようになる。さらに岸に近づき水深が浅くなってくると，浅水変形などにより波高が増大し，波長が減少する。また，波の峰は尖り，波の谷は平らになり，波形の安定性が失われ，ついには波が砕ける。この現象を**砕波**（wave breaking, breaker）といい，砕波の形式は**図2.17**に示すように，**崩れ波砕波**（spilling breaker），**巻き波砕波**（plunging breaker），**砕け寄せ波砕波**（surging breaker）の三つの形に分類されるが，**巻き寄せ波砕波**（collapsing breaker）を含めた四つの形に分類されることもある。

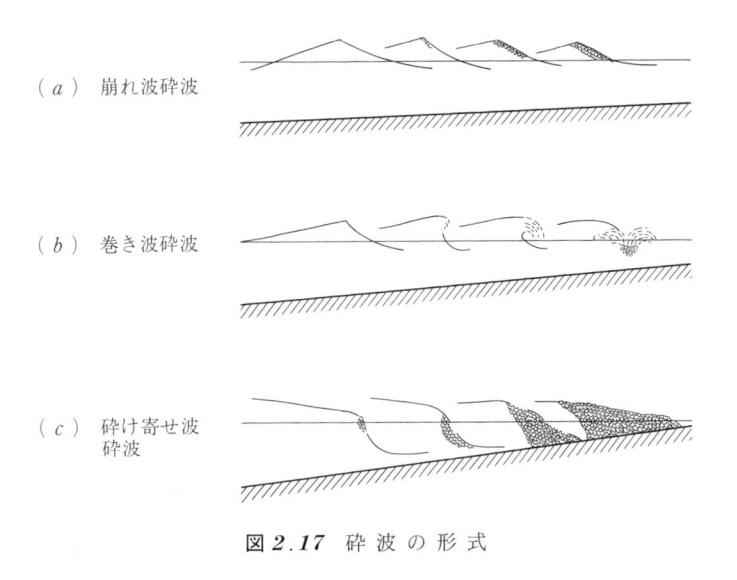

（a）崩れ波砕波

（b）巻き波砕波

（c）砕け寄せ波砕波

図2.17　砕波の形式

1）　崩れ波砕波　深海波的な波に多く，波峰の前後の波形はほぼ対称で，波の峰が尖って白く泡立ちはじめ，それがしだいに波の前面に向かって広がるように崩れていき，波は崩れながらかなりの距離を進行する〔**図2.17**(a)〕。

2）　巻き波砕波　水深が比較的浅く，海底勾配が比較的急なところで砕波するときに見られ，波峰の前面が切り立ち，波頂部が前面に飛び出し，空気

を巻き込むように水面に突っ込む形のものである〔図(b)〕。

3) 砕け寄せ波砕波　　波形勾配が非常に小さい波が急傾斜の海浜に打ち寄せる場合に生じ，波の前面が切り立ち，下部のほうから砕けはじめ，波の前面の大部分が非常に乱れた状態で斜面をはい上がる〔図(c)〕。

また，巻き寄せ波砕波は，波の前面が切り立ち，巻き波砕波のように空気を巻き込むことなく崩れ落ちる形のものである。

砕波の形式は，主として沖波の波形勾配 H_0/L_0 と海底勾配 $\tan\beta$ によって支配され，これらの二つの変数を用いて表される式 (2.68) に示す**砕波帯相似パラメータ** (surf similarity parameter) によって分類される。

$$\xi_0 = \frac{\tan\beta}{(H_0/L_0)^{1/2}} \quad (2.68)$$

それぞれの砕波形式の限界はほぼ図 **2.18** のようになり，ξ_0 が 3.3 以上で砕け寄せ波砕波，0.46 以下で崩れ波砕波，その間では巻き波砕波が生じるといわれている。

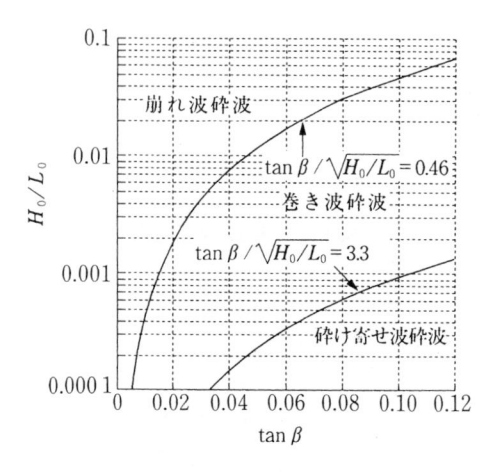

図 **2.18**　砕波形式の区分図〔(出典)　土木学会編：水理公式集(平成 11 年版)，p. 467，土木学会 (1999)〕

〔2〕　砕波高と砕波水深　　波高がどの程度大きくなれば砕波するか，またどの程度の水深で砕波するかは，工学的に重要となる。理論的な砕波条件は，波頂の水平水粒子速度が波速より大きくなると砕波するという条件から求められ，山田らは砕波高 H_b に関して，式 (2.69)，(2.70) を得ている。

2.4 波の変形　47

深海波：$H_b = 0.17L_0 = 0.14L_b$ 　　　　　　　　　(2.69)

孤立波：$H_b = 0.827h_b$ 　　　　　　　　　　　　(2.70)

　深海波の場合，砕波限界のときの波長 L_b は微小振幅波の深海波の波長 L_0 よりも20%増加している．また，孤立波の関係は，水深が浅く波の峰が一波のみ存在する場合の関係を示している．これらの式 (2.69)，(2.70) は，砕波高や砕波水深の概略値を求めるのに便利である．

　しかし，これらの関係は一様水深を仮定しており，海底が傾斜しているときの砕波限界は理論計算で求めることが困難であり，現地観測や実験により砕波限界を求める必要がある．

　合田は，規則波を用いた室内実験で得られた結果を整理し，砕波高 H_b や砕波水深 h_b を求める**図 2.19**，**図 2.20**，**図 2.21** を作成した．これらの図は一般に**砕波指標**（breaker index）と呼ばれている．

　図 2.19 は，進行波の砕波高と砕波水深の関係を示したものであり，海底勾配が大きくなると砕波高が大きくなる．なお，図中には岸による重複波の砕波限界を示してある．**図 2.20**，**図 2.21** は沖波の波形勾配 H_0/L_0 と波高 H_0 を与えて，砕波水深 h_b と砕波高 H_b を求める図表である．

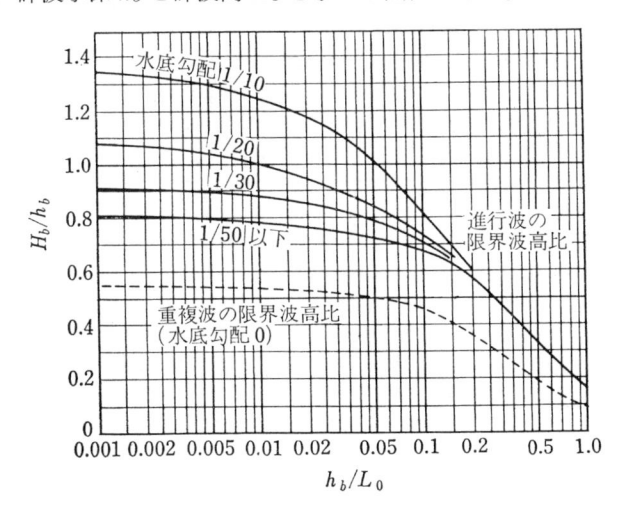

図 2.19　進行波および重複波の限界波高比〔(出典)　土木学会編：水理公式集（昭和60年版），p. 510，土木学会 (1985)〕

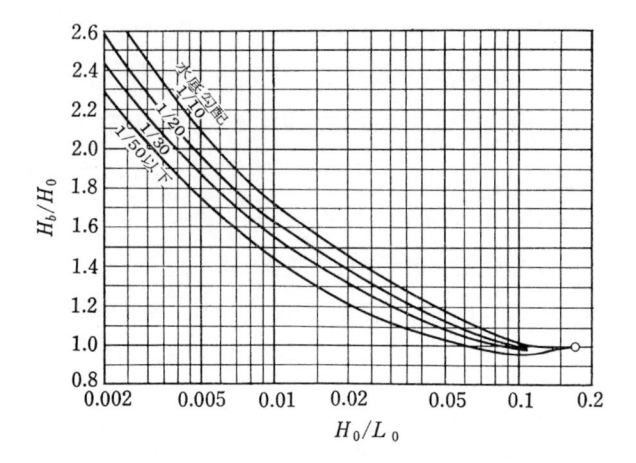

図 2.20 砕波高と換算沖波波高の関係〔(出典) 土木学会編：水理公式集（昭和 60 年版），p. 510, 土木学会 (1985)〕

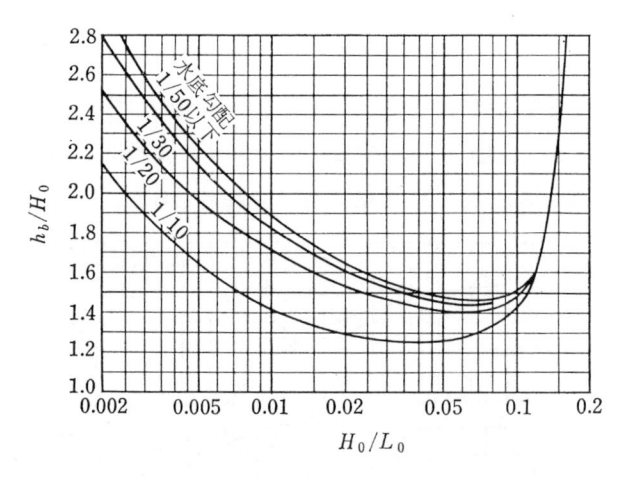

図 2.21 砕波水深と換算沖波波高の関係〔(出典) 土木学会編：水理公式集（昭和 60 年版），p. 510, 土木学会 (1985)〕

これらの図を使用する場合，屈折，回折，海底摩擦の影響を考慮する場合には，沖波波高 H_0 のかわりに式 (2.71) に示す**換算沖波波高** (equivalent deepwater wave height) H_0' を用いる。

$$H_0' = K_r K_d K_f H_0 \tag{2.71}$$

ここで，K_r は屈折係数，K_d は回折係数，K_f は海底摩擦係数である。また，

H_0' は仮想的な波高であり，波高 H_0 の沖波が浅海領域で屈折，回折，海底摩擦の影響を受けてある地点に進行したときの波高を，浅水変形だけで計算できるようにした沖波波高に相当する．

また，合田は，沖波波長 L_0，海底勾配 $\tan\theta$，砕波水深 h_b を与えて H_b を求めるつぎのような近似式 (2.72) を提案している．

$$\frac{H_b}{L_0} = A\left[1 - \exp\left\{-1.5\frac{\pi h_b}{L_0}(1 + 15\tan^{4/3}\theta)\right\}\right] \quad (2.72)$$

ここで，A は定数であり，規則波の場合には $A = 0.17$ を用いればよいとされている．

〔3〕 **砕波後の波高および平均水位の変化** 波が砕けると大量に波のエネルギーを失い，波高が減少するが，その後も波として砕波帯内を進行し，波高を減少しながら汀線に向かう．この砕波帯内での波高の変化は，海底勾配のほかに沖波の波形勾配にも関連している．**図 2.22** は，沖波の波形勾配が 0.04 のときの砕波帯内での波高の変化を示したものである．

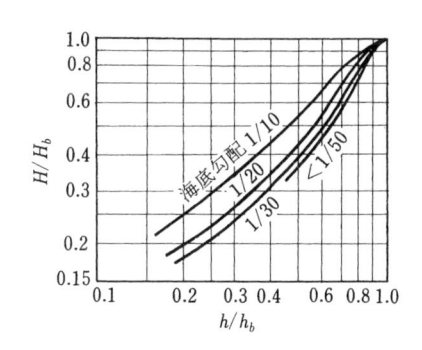

図 2.22 砕波帯付近での波高変化〔(出典) 中村 充，白石英彦，佐々木泰雄：砕波による波の変形に関する研究，第 13 回海岸工学講演会講演集, pp. 71〜75, 土木学会 (1966)〕

また，砕波により平均水位も**図 2.23** のように変動する．砕波により，汀線付近の平均水位が上昇する．これを**平均水位の上昇**（wave setup）といい，静水時の汀線では，波高の 1/10 程度平均水位が上昇する．これとは逆に，砕波点付近では平均水位は静水面より低下する．これは砕波によって生じる過剰な運動量流束（ラディエーション応力）が波のエネルギー（波高の 2 乗に比例）

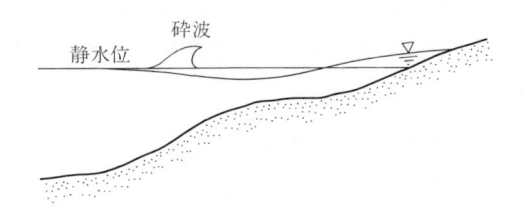

図 2.23　砕波帯付近の平均水位の変動

に比例するので，砕波による波高の変化によってラディエーション応力が変化し，これにつりあうための力として静水圧が増減し，それに対応する水面勾配が生じるためである．

演 習 問 題

【1】 波高 4 m，周期 10 s，波速 10 m/s の進行波が x の正の方向に進む水面形を表す式を求めよ．

【2】 海底勾配が 1/50，等深線がほぼ直線で平行な海岸に，周期 8 s，波高 5 m の沖波が入射角 30°で入射したときの砕波高，砕波水深および砕波地点における波の入射角を求めよ．

3

長 周 期 波

　長周期波（long waves）とは，その言葉どおり周期の長い波である。周期の長い波はなかなか減衰せず，港湾などに侵入してきたときに港湾のもつ固有周期と波の周期が一致すると，湾水が共振するような副振動などの特殊な現象を生じ，港湾施設などに被害を及ぼすことがある。また，津波・高潮などによる外力は非常に強大で，防災対策を行ううえでそれらの性質を知っておくことが重要である。

3.1 潮　　　汐

3.1.1 潮汐の現象

　海面はふつう1日に2回ゆっくりと昇降を繰り返しており，この海面の穏やかな周期的な昇降現象を**潮汐**（tide）という。図**3.1**に示すように，海面が最も高くなった状態を**高潮**〔high　water：後述の**3.2.1**項の高潮（storm

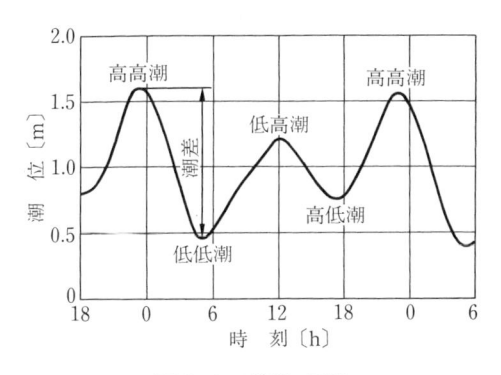

図**3.1**　高潮と低潮

surge）とは別の現象を表す〕あるいは満潮，最も低くなった状態を**低潮**（low water）あるいは干潮という．また，干潮から満潮まで海面が上昇している状態を**上げ潮**（flood tide），逆に満潮から干潮までの海面が下降している状態を**下げ潮**（ebb tide）といい，満潮および干潮に際して海面の昇降が止まることを**停潮**（stand of tide）という．また，相つぐ高潮と低潮の海面の高さの差を**潮差**（tidal range）という．

　一般に，潮汐は1日に2回の満潮と2回の干潮があり，場所や時間によっては1日に1回の満潮と1回の干潮の場合もある．前者を1日2回潮，後者を1日1回潮といっている．1日2回潮において，それぞれ2回の高潮と低潮の高さが異なる場合に，これを**日潮不等**（diurnal inequality）という．高潮のうち高いほうを高高潮，低いほうを低高潮，低潮のうち高いほうを高低潮，低いほうを低低潮という．1日2回潮の場合，満潮からつぎの満潮まで，あるいは干潮からつぎの干潮までの時間は，日により多少の変化はあるが平均して約12時間25分，1日1回潮の場合は約24時間50分である．

　潮汐は，主として月および太陽の引力に起因するものであり，その発生原因から**天文潮**（astronomical tide）とも呼ばれ，地球，月および太陽の相対的な位置によって起潮力（潮汐を起こす力）が異なる．起潮力は天体の質量に比例し，その距離の3乗に逆比例するので，月・太陽の質量および地球からの距離を考慮すると，太陽による起潮力は月の起潮力の約0.46倍にしかならない．したがって，潮汐は月の位置と密接な関係があり，ある地点の高潮あるいは低潮の起こる時刻が平均して毎日50分ずつ遅れるのは，月がその地点の子午線上を通過する時刻が平均して毎日50分ずつ遅れるからである．また，月がその地点の子午線上を通過してから高潮および低潮になるまでの時間は場所によって異なるが，同じ場所ではほぼ一定している．この時間を，平均高潮間隔および平均低潮間隔という．

　潮差は月齢（新月から数えた日数）により変化する．図**3.2**に示すように，新月と満月の場合，地球，月，太陽が一直線上になり，月と太陽による起潮力が足し合わされる．したがって，起潮力は最も大きくなり，潮差も最も大

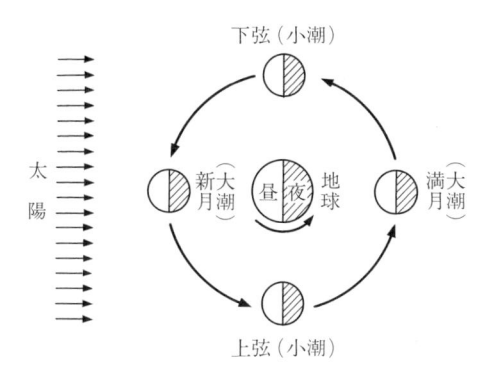

図 3.2 月齢と大潮・小潮

きくなる．最大の潮差は実際には海底の摩擦や海水運動の慣性により，新月（朔）や満月（望）の後，1～3日の間に起こり，このときの潮汐を**大潮**（spring tide），潮差を大潮差という．地球，月，太陽が直角の方向にある上弦や下弦のころには，月と太陽による起潮力が打ち消し合って，潮差は最も小さくなる．このときの潮汐を**小潮**（neap tide），潮差を小潮差という．これが生起するのは，上弦後あるいは下弦後1～3日の間である．

ちなみに，月の公転周期は約29.5日なので，潮汐も約15日で同じような変化を繰り返す．

わが国沿岸の大潮差は，日本海沿岸で0.15～0.25 m，太平洋沿岸で1.0～1.5 m，瀬戸内海で2.0～3.0 mであり，日本で最も潮差の大きい有明海では2.5～4.5 m程度である．世界的に潮差の大きいところは，韓国の仁川（約8 m），カナダ東海岸のファンデー湾奥（約16 m），イギリスのセヴァン（約11 m）などである．

3.1.2　潮汐の調和分析

潮汐は，月（太陰）および太陽と地球上の各地点との相対的位置によって変化し，その変化はほぼ周期的である．これらの変化はいくつかの決まった周期の変動の和として表すことができる．潮汐を規則正しい周期と潮差をもつ潮汐に分類することを潮汐の調和分析といい，それぞれの一定の周期と潮差をもつ

潮汐を**分潮**（tidal constituent）という。

分潮の数は非常に多いが，そのうちの主要なものを**表 3.1**に示す。表中の起潮力の相対値より明らかなように，実用的に最も重要なものは主太陰半日周潮 M_2，主太陽半日周潮 S_2，日月合成日周潮 K_1，主太陰日周潮 O_1 の主要4分潮である。

表 3.1 主要分潮の一覧表

記号	名　称	角速度〔度/h〕	周　期〔h〕	起潮力の相対値
	半 日 周 潮			
M_2	主太陰半日周潮	28.984 10	12.42	0.454 26
S_2	主太陽半日周潮	30.000 00	12.00	0.211 37
N_2	主太陰楕円潮	28.439 73	12.66	0.087 96
K_2	月日合成半日周潮	30.082 14	11.97	0.057 52
	日 周 潮			
K_1	日月合成日周潮	15.041 07	23.93	0.265 22
O_1	主太陰日周潮	13.943 04	25.82	0.188 56
P_1	主太陽日周潮	14.958 93	24.07	0.087 75
Q_1	主太陰楕円潮	13.398 67	26.87	0.036 51
	長 周 期 潮			
M_f	太陰半月周潮	1.098 03	327.86	0.078 27

（出典）岩垣雄一，椹木　享：海岸工学，p. 156，共立出版（1979）

潮汐が浅い海域に進行してくると潮汐波の非線形性によって，M_2，S_2 分潮などの2倍，3倍，… の角速度（周期は 1/2，1/3，…）をもつような分潮が現れることがあり，これを**倍潮**（overtide）という。また二つの分潮の角速度の和あるいは差の角速度をもつ分潮が現れることもあり，これを**複合潮**（compound tide）という。

ある地点の分潮が詳しく求められると，これらを重ね合わせてその地点の潮汐を予測することができる。わが国では海上保安庁が潮汐表，気象庁が潮位表を毎年発行しており，これらには毎日の高潮・低潮の高さとその時刻などが記載されている。予報値が記載されていない地点でも，潮汐改正数（潮高比と潮時差）が記載してあれば，標準港の予報値を用いてその地点の潮位を推算することができる。

3.1.3 平均海面および基本水準面

〔1〕 平均海面　ある期間中における海面の平均高さを,その期間の**平均海面** (mean sea level : M.S.L.) といい,対象とする期間は1日,1か月,1年あるいは5〜10年などいろいろの期間にわたってとられる。平均海面は1年を通じて絶えず変化し,日本近海では一般に夏秋に高く,冬春に低い傾向があり,その最高と最低の高さの差は,場所によって異なるが0.3〜0.6mである。1年間または数年間の平均水面の高さは,年および場所によっても変動するが,潮汐による昇降に比較すると小さく,各場所の1年以上の年平均海面は,その場所の海の深さや陸上の高低差を測る基準面に適している。

海上保安庁水路部発行の海図では,陸上部分の高さはその付近の検潮所の検潮記録から求めた1年間,あるいは数年間の平均海面から測られている。一方,国土地理院発行の地形図では,陸上部分の高さは東京湾平均海面 (T.P.) を基準に測られている。東京湾平均海面 (T.P.) とは,東京湾霊岸島の1873年6月から1879年12月までの潮位記録のうち,欠測期間を除いた6年3か月間の平均海面を基準としたものである。

したがって,地形図に示されたある地上部分の高さと海図に示された同一地点の高さは厳密にいえば数cm〜30cmの差がある。

〔2〕 基本水準面　海図に用いられる**基本水準面** (chart datum line : C.D.L.) は,**図 3.3** に示すように平均海面から $(H_m+H_s+H_k+H_o)$,すなわち主要4分潮の振幅の合計だけ下がった高さにとっている。ここで H_m, H_s, H_k および H_o はそれぞれ M_2, S_2, K_1 および O_1 の主要4分潮の振幅で,各地に固有な値で各地の検潮所の検潮記録を調和分解して算出される。このように定めた基本水準面は,潮位がこの面以下に下がることは少なく,下がったとしても継続時間は短く,下降量も30cm程度である。

わが国における港湾の基本水準面は,原則として海図の基本水準面を採用することにしており,ほとんどの港湾がこれを用いている。港湾の基本水準面はdatum line (D.L.) と呼ばれ,港湾の施設計画,構造物の設計,工事施工の基本となるべき水準面である。港湾においては,航行船舶の安全性から,港湾の

56   3. 長周期波

既往最高潮位 (H.H.W.L.)

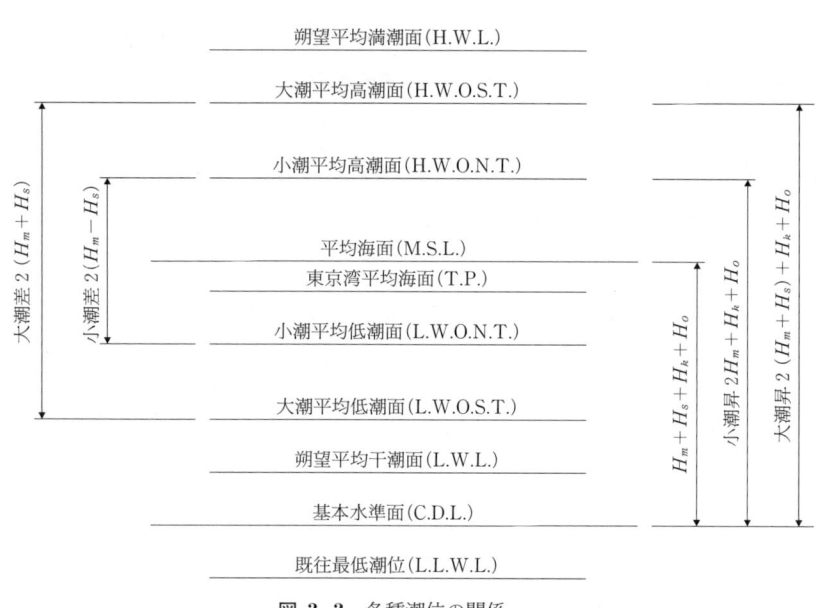

朔望平均満潮面 (H.W.L.)
大潮平均高潮面 (H.W.O.S.T.)
小潮平均高潮面 (H.W.O.N.T.)
平均海面 (M.S.L.)
東京湾平均海面 (T.P.)
小潮平均低潮面 (L.W.O.N.T.)
大潮平均低潮面 (L.W.O.S.T.)
朔望平均干潮面 (L.W.L.)
基本水準面 (C.D.L.)
既往最低潮位 (L.L.W.L.)

大潮差 $2(H_m + H_s)$
小潮差 $2(H_m - H_s)$
小潮昇 $2H_m + H_k + H_o$
大潮昇 $2(H_m + H_s) + H_k + H_o$
$H_m + H_s + H_k + H_o$

図 3.3　各種潮位の関係

基本水準面と海図の基本水準面を一致させることは合理的である。

海図の基本水準面を港湾の基本水準面としていない例として，東京湾の一部でA.P.（荒川量水標）が用いられており，また大阪湾の一部でもO.P.（大阪量水標）が用いられている。これらとT.P.との関係はつぎのとおりである。

$$\left.\begin{array}{l} \text{A.P.} = \text{T.P.} - 1.134\,4\,[\text{m}] \\ \text{O.P.} = \text{T.P.} - 1.300\,0\,[\text{m}] \end{array}\right\} \quad (3.1)$$

港湾においては陸上の諸施設あるいは高潮対策との関係が深いので，陸上の基準面であるT.P.と港湾の基本水準面との高さの差を明らかにしておくことが必要である。

3.2 高　　潮

3.2.1 高潮の現象

高潮（storm surge）は，台風など顕著な低気圧に伴う気圧低下による海面の吸上げ効果，強風による吹寄せ効果により，潮位が異常に上昇する現象である。高潮時の潮位は，月や太陽の引力によって起こる天文潮と，そのときの台風などの気象条件によって左右される**気象潮**（meteorological tide）の和によって表され，高潮のピークが満潮時に重なると潮位が異常に高くなり，浸水・冠水などの被害がいっそう大きくなる。高潮の発生時には，大雨による洪水や暴風による高波が同時に起き，これらの被害が重なることが多い。地震による津波を地震津波というのに対して，高潮は風津波あるいは暴風津波とも呼ばれる。高潮という用語は，満潮と同意語の高潮（high water：**3.1.1**項参照）と同じであるが，両者はまったく別の現象を表すので注意を要する。

わが国沿岸で発生した顕著な高潮を**表3.2**に示す。近年，わが国で最も大きな被害をもたらした高潮は，1959年9月26日から27日にかけて紀伊半島に上陸した伊勢湾台風によるもので，死者・行方不明は約5000人にものぼっ

表3.2　わが国で発生したおもな高潮

年月日	場　所	最大偏差〔m〕	最高潮位〔T.P. m〕	死者(不明)〔人〕	家屋 全・半壊一部破損〔戸〕	家屋 床上・下浸水〔戸〕	備　考
1917.10.1	東京湾	2.3	3.1	1 127 (197)	(363 092)		台風
1930.7.18	有明海	2.5	—	—	—	—	台風
1934.9.21	大阪湾	3.1	3.2	2 702 (334)	92 740	401 157	室戸台風
1938.9.1	東京湾	2.2	—	201 (44)	13 223	158 536	台風
1950.9.3	大阪湾	2.4	2.5	336 (172)	56 131	166 605	ジェーン台風
1956.8.17	有明海	2.4	4.2	33 (3)	37 341	10 431	5609台風
1959.9.26	伊勢湾	3.4	3.9	4 697 (401)	833 965	363 611	伊勢湾台風
1961.9.16	大阪湾	2.5	2.9	194 (8)	499 444	384 120	第二室戸台風
1964.9.25	大阪湾	2.1	2.6	47 (9)	71 269	44 751	6420台風
1965.9.10	内海東部	2.2	—	67 (6)	63 436	49 926	6523台風
1970.8.21	土佐湾	2.4	3.1	23 (4)	48 652	69 961	7010台風

た。**図 3.4** に名古屋港における潮位記録と名古屋管区気象台における気圧, 風速, 風向の変化を示す。このときの最低気圧は 958.5 hPa, 最大風速は SSE 37.0 m/s に達し, 名古屋港で潮位の最高潮位は T.P. 上 3.90 m に達し, 推算潮位から観測潮位までの潮位偏差の最大値は 3.45 m にも及んだ。

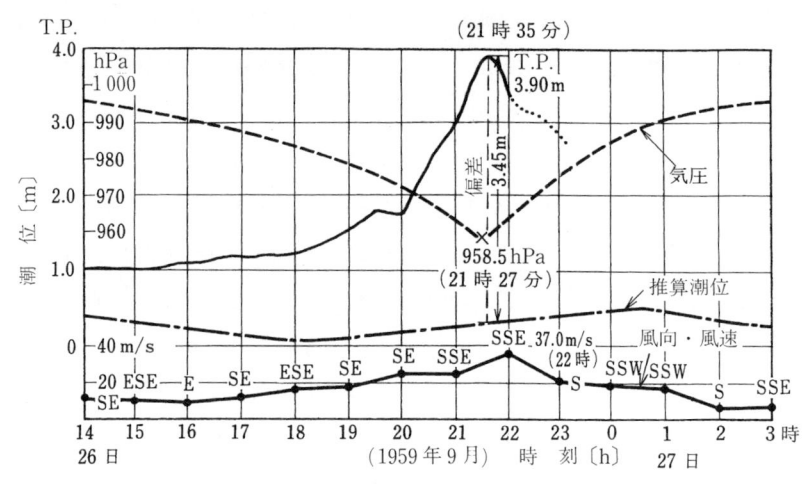

図 3.4 名古屋港における伊勢湾台風による高潮〔(出典) 岩垣雄一:最新海岸工学, p. 82, 森北出版 (1987)〕

一般に, 高潮の潮位偏差の時間的変化を示すと, **図 3.5** のように大きく 3 段階に分割されることが多い。最初の段階は, 台風や低気圧の中心が陸岸から遠く離れた洋上にあるころから, **前駆波**(forerunner)と呼ばれる平均海面の上昇が始まる。続いて台風や低気圧の中心が接近するにつれて潮位が急激に上

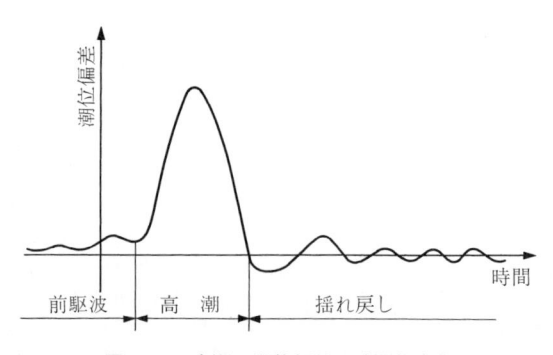

図 3.5 高潮の潮位偏差の時間的変化

昇し，中心の通過とともに潮位が急激に減少する。この段階を高潮と呼んでいる。その後，潮位が振動を伴って減衰する**揺れ戻し**（resurgence）の現象が生じる。この段階では，振動は緩やかに減衰しながら長時間にわたって継続し，長いときには1週間にも及ぶ場合がある。

〔*1*〕 **気圧低下による海面上昇量**[8] ある海域で気圧が Δp〔hPa〕だけ低下すると，その気圧低下量に対応した海面上昇が生じる。この吸上げ作用による海面上昇量 ζ_p〔cm〕は式（*3.2*）で表される。

$$\zeta_p = 0.991\,\Delta p \tag{3.2}$$

〔*2*〕 **吹寄せによる海面上昇量**[9] 海面上で風が吹くと海面にせん断力が作用し，風下側に向かってこれにつりあうため海面勾配が生じ，海面が上昇する。この吹寄せによる海面上昇量 ζ_w は，式（*3.3*）のように風速 U の2乗と海域の長さ F に比例，水深 h に反比例する。

$$\zeta_w = K\frac{(U\cos\theta)^2 F}{h} \tag{3.3}$$

これは**コールディング**（Colding）**の公式**と呼ばれるもので，F, U, h および ζ_w の単位をそれぞれ km, m/s, m および cm で表すと，コールディングがバルチック海の観測資料から求めた K の値は 4.8×10^{-2} となる。また，式中の θ は風向と海岸線の法線とのなす角である。

例題 *3.1* 低気圧の通過により発生する高潮を予測せよ。ただし，気圧低下量，海域の長さ，風速および風向と海岸線の法線のなす角をそれぞれ10 hPa，30 km，20 m/s および 60°とする。ただし，海域の水深は10 m とする。

【解答】 気圧低下による海面上昇量は式（*3.2*）より

$$\zeta_p = 0.991\Delta p = 0.991\times10 = 9.9\,\text{[cm]}$$

となる。また，風の吹寄せによる海面上昇量は式（*3.3*）より

$$\zeta_w = K\frac{(U\cos\theta)^2 F}{h} = 4.8\times10^{-2}\times\frac{(20\cos60°)^2\times30}{10} = 14.4\,\text{[cm]}$$

となるので，高潮潮位は両者を加えて約24 cm となる。　◇

3.2.2 高潮の推算

高潮の予報や計画高潮の決定など，高潮対策に際して必要な高潮の推算には，各地の高潮の観測結果をもとに最大潮位偏差を推算式によって求める方法と，ナヴィエ・ストークスの式に長波近似を用いて数値計算することにより潮位偏差を求める二つの方法がある。

〔**1**〕 **推算式による方法**　ある地点における高潮の大きさを表すには，実測された海面の高さから推算された天文潮の高さを差し引いた潮位偏差を用いる。そこで最大潮位偏差とそのときの気象条件（最大風速とその風向，最低気圧などの値）との間の関係を実測値に基づいて求めておき，これを適用する方法が高潮を簡単に予報するために用いられる。

高潮は基本的には気圧の低下による吸上げと，風による吹寄せによると考えることができるので，つぎの形の式（3.4）が実用的に用いられている[10]。

$$\zeta = a(1\,010 - P) + bW^2\cos\theta + c \tag{3.4}$$

ここで，ζは高潮による最大潮位偏差 (cm)，Pは最低気圧 (hPa)，Wは最大風速 (m/s)，θは主風向と最大風速Wの風向とのなす角，a, b, cは地点によって異なる定数である。表3.3は気象庁が日本沿岸のおもな検潮所について求めたa, bの値である。なお，cの値は外の浦で-12.9，境で$+15.4$，宮津で-4.8であり，その他の地点ではすべて0である。

表3.3 主要地点における a, b の値

地名	a	b	主風向	統計期間	資料個数
稚内	0.516	0.149	WNW	1960〜1968	38[*1]
網走	1.296	0.036	NW	1961〜1968	29[*2]
花咲	1.12	0.02	SE	1970〜1979	38[*3]
釧路	1.316	0.016	SW	1954〜1968	33[*2]
函館	1.262	0.023	S	1955〜1968	35[*1]
八戸	1.429	0.015	ENE	1957〜1960	7
宮古	1.193	0.012	NNW	1958〜1960	6
鮎川	1.346	0.020	SE	1945〜1959	9
銚子	0.622	0.056	SSW	1951〜1959	6
布良	1.935	0.012	SW	1957〜1960	7

3.2 高　　　潮　　61

表 3.3　（つづき）

地名	a	b	主風向	統計期間	資料個数
東　京	2.332	0.112	S 29°W	1917〜1987	22
伊　東	1.128	0.005	NE	1951〜1966	30
内　浦	1.439	0.024	SW	1951〜1966	29
清水港	1.350	0.016	ENE	1951〜1966	36
御前崎	1.324	0.024	NE	1951〜1966	18
舞　阪	2.256	0.080	S	1951〜1966	29
名古屋	2.961	0.119	S 33°E	1950〜1987	29
鳥　羽	1.825	0.001	ESE	1950〜1959	7
浦　神	2.284	0.025	SE	1950〜1961	6
串　本	1.490	0.036	S	1950〜1960	10
下　津	2.000	0.022	SSW	1934〜1960	13
和歌山	2.608	0.003	SSW	1930〜1960	12
淡　輪	2.552	0.004	SSW	1953〜1960	8
大　阪	2.167	0.181	S 6.3°E	1929〜1953	28
神　戸	3.370	0.087	S 24°E	1941〜1987	31
洲　本	2.281	0.026	SSE	1950〜1960	10
宇　野	4.109	−0.167	ESE	1950〜1960	8
呉	3.730	0.026	E	1951〜1956	4
松　山	4.303	−0.082	SSE	1950〜1956	7
高　松	3.184	0.000	SE	1950〜1960	9
小松島	1.720	0.019	SE	1951〜1960	10
高　知	2.385	0.033	SSE	1950〜1960	8
土佐清水	1.428	0.022	S	1950〜1957	10
宇和島	2.330	−0.012	SSE	1950〜1956	7
油　津	1.005	0.036	SE		6
鹿児島	1.234	0.056	SSE		6
枕　崎	0.973	0.040	S		4
那　覇	1.117	0.015	N 9°E	1969〜1987	19
三　角	1.185	0.154	SSW		11
富　江	1.094	0.027	SE		5
下　関	1.231	0.033	ESE		10
浜　田	1.17	0.021	NNW	1950〜1959	6
境	0.48	0.027	ENE	1950〜1959	6
宮　津	1.43	−0.014	NE	1950〜1959	14

＊1：+30 cm 以上の資料を使用　　＊2：+20 cm 以上の資料を使用
＊3：+35 cm 以上の資料を使用
（出典）　気象庁：平成5年潮位表, p. 319, 日本気象協会（1993）

3. 長周期波

〔2〕 数値計算モデルによる方法　前述の方法は，簡便でかなり有用な高潮推算法であるが，長年の観測資料のそろっている特定の地点に対してしか適用することができない。これに対して高潮の現象を詳しく解析するには，コンピュータを使用した数値計算が行われる。これは高潮の支配方程式である運動

表3.4　伊勢湾台風による予想最大潮位偏差

湾	経路	地名	最大潮位偏差〔m〕	湾	経路	地名	最大潮位偏差〔m〕
東京湾	キティ台風 (1949年8月)	横須賀 横浜 築地 千葉 木更津	0.7 1.1 2.1 2.0 1.3	内海西部	1942年 8月台風	宇部 苅田 壇ノ浦	1.9 2.0 1.5
東京湾	1917年 10月台風	横須賀 横浜 築地 千葉 木更津	0.5 0.9 1.8 2.7 1.4	内海西部	ルース台風 (1951年10月)	宇部 三田尻 広島 呉 松山 浜田 高田 苅田	1.3 1.3 2.3 2.2 2.2 2.4 1.5 1.6
大阪湾	室戸台風 (1934年9月)	淡輪 堺 大阪 尼崎 神戸 明石 洲本	1.1 3.0 3.2 3.0 2.0 1.5 1.1	有明海	5609号台風 (1956年8月)	三角 三池 若津 鹿島 諫早 島原	1.1 1.9 3.3 2.8 1.4 1.2
内海中部	洞爺丸台風 (1954年9月)	姫路 宇野 笠岡 尾道 新居浜 高松 江井	1.9 1.8 2.1 1.3 0.9 1.3 1.5	有明海	1942年 8月台風	三角 三池 若津 鹿島 諫早 島原	1.1 1.8 2.6 1.7 1.4 1.2
内海西部	洞爺丸台風 (1954年9月)	宇部 三田尻 広島 呉 松山 高田 苅田	0.8 0.5 1.5 1.7 1.6 1.0 1.1	八代海	1942年 8月台風	水俣 八代 不知火	0.7 2.0 2.2
				鹿児島湾	1942年 8月台風	鹿児島 古江	1.7 0.8

(出典)　気象庁：平成5年潮位表，p. 320，日本気象協会 (1993)

方程式と連続式を用い，台風の気圧場と風域場を与えて基礎式を差分方程式に変換し，各地点の潮位と流速の変化を，ある時間ステップごとに順次計算していくものである。この方法で台風が来襲してきたときに，台風の予想進路に合わせて時々刻々計算を行って予報することは，いまのところ台風自体の予報の時間的余裕が少ないこともあって，実施されていない。しかしながら，甚大な被害を及ぼした台風をモデル台風として，東京湾，大阪湾，伊勢湾などの主要な港湾に対して，いくつかの進路を仮定して高潮計算を行い，高潮の対策・予報に用いている。特に，伊勢湾台風をモデル台風とする高潮の計算は数多く行われており，高潮対策の基準となっている場合が多い。

表3.4は，伊勢湾台風が過去の顕著な台風と同じ経路を通ったときの予想最大潮位偏差を示しており，伊勢湾台風と同じ規模の台風が室戸台風の経路を通ると仮定すると，大阪で最大3.2m，堺と尼崎では最大3.0mの潮位偏差が生じることがわかる。

3.3 津　　　波

3.3.1 津波の現象

津波（tsunami）とは，地震による海底地盤の変動，海底火山の噴火，海岸部の大規模な地滑りなどによって引き起こされる周期が数分から数十分の長周期波である。

津波の「津」は「みなと」とか「ふなつきば」を意味する言葉である。沖で津波が発生したときの波の高さはせいぜい2～3mであり，波の波長が数十km以上もあり非常に長く，船がその上を航行していても，船は特に揺れるわけではなく，危険を感じることはない。しかしながら，津波が岸に近づくにつれて，特にリアス式海岸などでは急激に津波が増幅され，甚大な被害を与える場合が多い。このように津波は沖では大した波でないのに，港に進入してくると異常に大きくなることから，津（みなと）の波，すなわち「津波」と呼ばれるようになった。明治の三陸津波のときも，鮪の大漁で漁師が港に帰ってみる

と，いつの間にか村が全滅して，留守をしていた女房や子供たちがみんな死んでおり，あまりのことに茫然となったという話がある。

日本は，津波の常襲地帯であり，「tsunami」という言葉が国際語として使用されている。近年において日本を襲った著名な津波は**表3.5**に示すとおりで，太平洋岸を中心に国内のほとんどの海岸に大きな津波が来襲している。特に，三陸沿岸ではリアス式海岸のために津波が大きくなり，1896年の明治三陸津波では死者行方不明27 122人，負傷者9 316人，家屋全半壊10 617戸，船の被害7 032隻という最大の被害を及ぼした。

表3.5 わが国で被害をもたらしたおもな津波

発生日	発生源	地震規模（M）	最大津波高〔m〕	死者行方不明〔人〕
1854年12月24日	紀伊半島沖	8.4	28（高知付近）	約3 000
1896年 6月15日	三陸はるか沖	8.5	38.2（綾里湾）	27 122
1933年 3月 3日	三陸はるか沖	8.1	28.7（綾里湾）	3 064
1944年12月 7日	熊野灘	7.9	8～10（熊野灘沿岸）	1 242
1946年12月21日	紀伊半島沖	8.0	6.6（袋）	1 330
1960年 5月24日	チリ南部沖	8.5	6.6（小反浦）	142
1993年 7月12日	北海道南西沖	7.8	30.6（奥尻）	230

〔**1**〕 **津波の発生** わが国の沿岸で発生した津波の大部分は海底地震によるものであり，残りが火山活動などその他の原因によるものである。津波は，マグニチュードが6.3以上の地震が海底から約80 km以浅で起きたときに発生するとされている。津波の大きさは，一般に地震の大きさに関連し，発生原因である地震による海底の地盤変動により，海面が上昇・下降しその変動が周囲に波として伝播する。津波が発生するような大地震の場合，断層の長さは数十kmから数百kmに達し，たかだか数kmの水深と比較すると非常に大きい。このため，津波の初期波形は地震による地盤の鉛直変位とよく似た形状となり，四方に津波として伝播していく。

一方，火山活動や地滑りに起因する津波は，海底地震により発生する津波に比較して波源域が小さく，コーシー・ポアソン波で表されるような分散性の強い波となる。この波は，池に小石を投げ入れたときに生じる同心円上の波紋の

広がりと同じで，波源で高い水位変動があっても四方に伝播するに従って波高が急激に減少する。また，波長により伝播速度が異なる分散性のため，伝播に伴い伝播速度の速い成分波で構成される第1波を形成する。

〔**2**〕 **津波の規模とエネルギー**　津波発生の約9割は海底地震による地盤変動によって発生し，地震の規模やそのエネルギーは津波のそれらと密接に関係している。津波の大きさを示す尺度として，地震のマグニチュードをMで表すのに対して，津波のマグニチュードの場合はmを用いて定義している。今村・飯田は海岸で観測された津波の最大高さと，被害の起こった海岸の範囲をもとにして，**表3.6**のように津波のマグニチュードmを定義した。

表3.6　津波のマグニチュード（m）

規模階級（m）	津波の高さ（H）	全エネルギー〔erg〕	被害程度
-1	50 cm 以下	0.06×10^{22}	なし
0	1 m 程度	0.25×10^{22}	非常にわずかの被害
1	2 m 程度	1.0×10^{22}	海岸および船の被害
2	4〜6 m 程度	4.0×10^{22}	若干の内陸までの被害や人的損失
3	10〜20 m 程度	1.6×10^{23}	400 km 以上の海岸線に顕著な被害
4	30 m 程度	6.4×10^{23}	500 km 以上の海岸線に顕著な被害

（出典）　土木学会編：水理公式集（平成11年版），p. 489，土木学会（1999）

なお，**図3.6**は津波のマグニチュードmと津波の高さH〔m〕との関係を示したもので，式（3.5）の関係がある。

$$\log_{10} H = 0.375\, m \tag{3.5}$$

また，**図3.7**に示すように地震のマグニチュードMと津波のマグニチュードmは密接な関係がある。図より，Mが6.5以下では津波による被害はないが，$m = -1$程度の津波が発生していることがわかる。また，津波の被害の発生する最小の地震はMが6.5以上のときであり，Mが7.0以上の地震になると特に津波による被害に注意する必要がある。なお，平均的なMとmの関係は

$$m = 2.6M - 18.4 \tag{3.6}$$

である。地震の総エネルギーE_s〔erg〕とそのマグニチュードMとの間の関係は**グーテンベルグ**（Gutenberg）と**リヒター**（Richter）により，式（3.7）

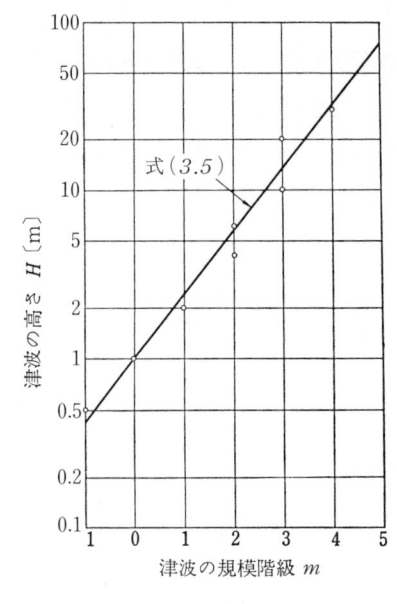

図 3.6 m と H の関係〔(出典) 和達清夫編:津波・高潮・海洋災害, p. 21, 共立出版 (1970)〕

図 3.7 m と M の関係〔(出典) 和達清夫編:津波・高潮・海洋災害, p. 7, 共立出版 (1970)〕

で表されている。

$$\log_{10} E_s = 11.8 + 1.5\,M \tag{3.7}$$

ここで,式 (3.6) を式 (3.7) に代入して M を消去すると,式 (3.8) のように津波のマグニチュード m から地震のエネルギーを求めることができる。

$$\log_{10} E_s = 22.4 + 0.6\,m \tag{3.8}$$

一方,津波の全エネルギー E_T〔erg〕と m の関係は

$$\log_{10} E_T = 21.4 + 0.6\,m \tag{3.9}$$

で表され,m が 1 のときに E_T が 10^{22} erg になるように定められている。したがって,式 (3.7) と式 (3.9) を比較すると,津波のエネルギーは地震のエネルギーの約 10 % であることがわかる。しかし,この値は大津波のときの値であり,小さな津波になると 1 % 程度になる。

3.3.2 津波の伝播と変形

地震などにより発生した海面変動を波源として，津波は周囲に伝播する．一般に津波は大洋を通り，陸だななどの海底地形の影響を受けて沿岸に来襲する．沿岸では岬(みさき)や湾などの影響を受け，津波の変形を伴いながら海岸線に押し寄せてくる．津波の伝播速度は，長波の波速と同じく式 (3.10) で表される．

$$C = \sqrt{gh} \qquad (3.10)$$

ここで，g は重力加速度，h は水深である．したがって，水深 200 m とすると波速は 160 km/h，4 000 m では 713 km/h となり，ジェット機より少し遅い速さである．

例題 3.2 1960 年のチリ地震のときには，チリ沖から日本まで津波が来襲し，日本沿岸各地に多大な被害を与えた．チリ沖から日本まで約 17 000 km，その間の平均水深を 4 000 m とすると，地震が発生してから津波が日本に達するまでの時間を求めよ．

【解答】 水深 4 000 m では，津波の伝播速度は $c = \sqrt{gh} = \sqrt{9.8 \times 4\,000} \cong 198$ [m/s] となり，津波の到達時間は $T = 17\,000\,000/198 = 85\,858.6$ [s] $= 23.8$ [h] となり，ほぼ観測値と一致する． ◇

[1] 津波の伝播図 津波の波源域がわかれば海域の水深分布を与えると，**ホイヘンス**（Huygens）の原理により，波源域から一定の時間間隔ごとに進行する津波の波面を時間の経過ごとに描くことができる．これを津波の伝播図といい，津波の任意の場所への到達時刻，津波エネルギーの集中・発散する地域を知ることができる．図 3.8 は 1933 年の三陸津波の伝播図を示しており，三陸沿岸に津波が集中していることがわかる．

津波伝播図の場合とは逆に，海岸の一点を出発点として沖に向かって伝播図を描くことができる．これを津波の逆伝播図といい，いかなる海域で津波が発生しても，その地点での津波の到達時間がよくわかり，津波来襲時刻の推算に用いられる．図 3.9 は，ハワイを中心とした逆伝播図で，三陸沖で発生した

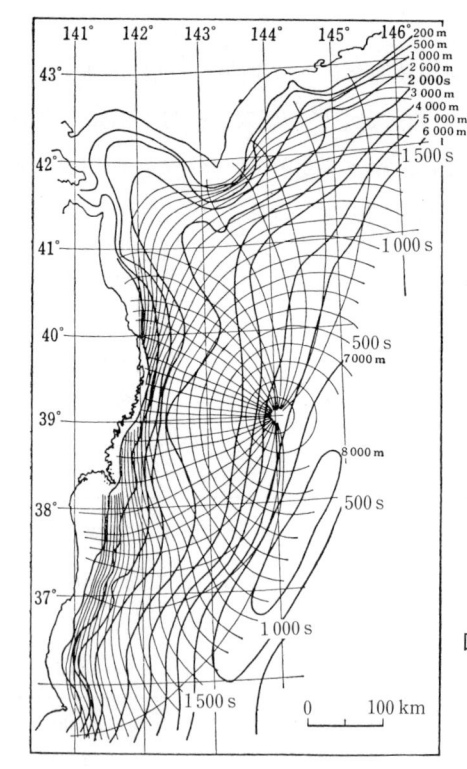

図3.8 1933年三陸津波の伝播図〔(出典) 和達清夫編:津波・高潮・海洋災害, p. 4, 共立出版 (1970)〕

津波は約7時間30分でハワイに到達することがわかる。

また，地震発生後に沿岸で得られた検潮記録から津波の初動の時刻がわかれば，それより各検潮所からの津波の逆伝播図を描いて地震発生時の波先端の位置が求められ，それを結ぶと津波の波源域が求められる。

〔2〕 **湾形および水深変化による津波の波高変化** 津波が湾内に進入してくると，水深と湾幅の減少により津波高が増大する。図3.10のように，外海から湾内に津波が進入し，幅b_0，水深h_0のところで波高がH_0であった津波が，幅b_1，水深h_1のところまで進んだときの波高がH_1になったとする。ここで，湾奥で波の反射がないと考えると，式 (3.11) に示す**グリーンの法則**と呼ばれる関係が成立する。

3.3 津波　69

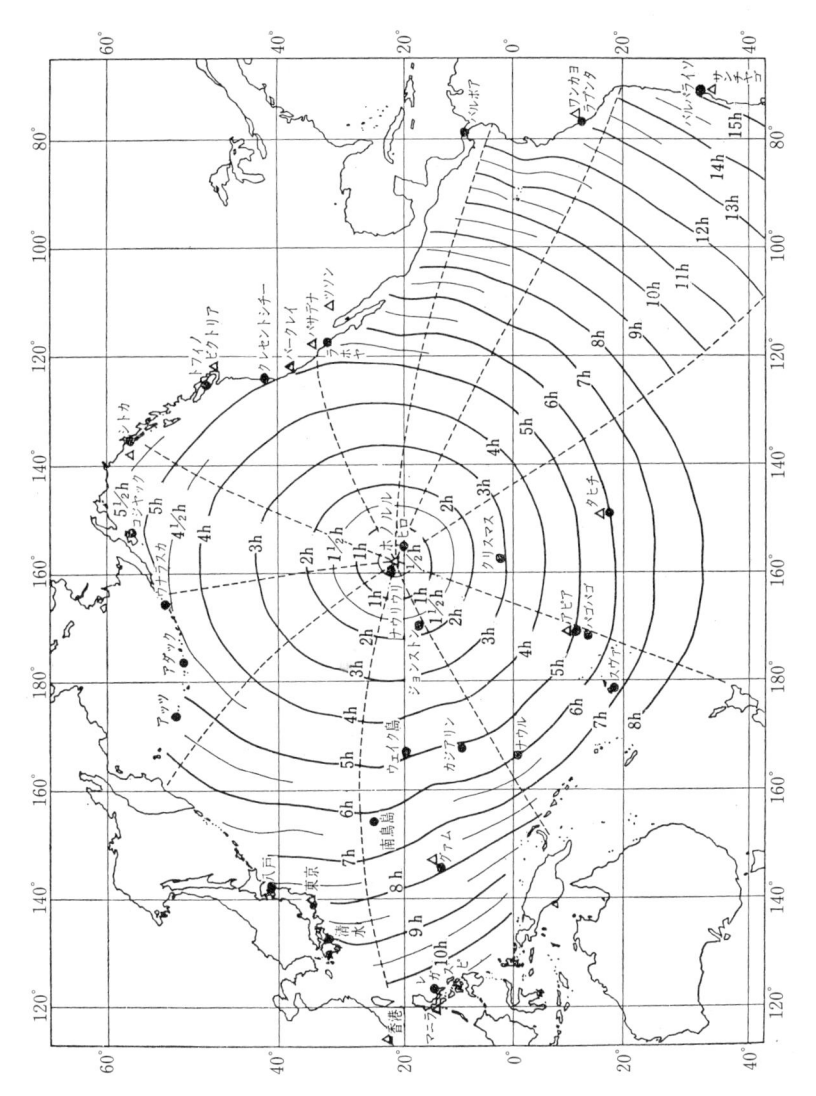

図 3.9　ハワイを中心とした津波の逆伝播図〔(出典) 和達清夫編: 津波・高潮・海洋災害, p. 6, 共立出版 (1970)〕

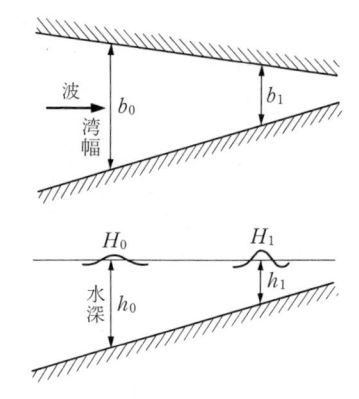

図 3.10 水深および湾幅と波高の関係

$$\frac{H_1}{H_0} = \left(\frac{h_0}{h_1}\right)^{1/4} \left(\frac{b_0}{b_1}\right)^{1/2} \tag{3.11}$$

すなわち，湾内に進入した津波の波高は，水深比の 1/4 乗および湾幅比の 1/2 乗に逆比例して大きくなる。

海岸近くや湾内における津波高の増大現象は，このグリーンの法則である程度説明される。しかし，グリーンの法則では陸だなの縁での反射や海底摩擦による減衰などの影響を考慮していないため，実際の津波の高さはこれよりも小さくなる傾向にある。また，V 字形の湾の最奥部では水深・幅ともに 0 に近づくので，式 (3.11) によると津波の高さは無限大になる。しかし，実際には海底摩擦などのエネルギー損失のため波高は有限の値にとどまる。ただし，湾の固有周期が津波の周期に近いときは，3.4 節で述べる湾水の共振現象によって津波がかなり増幅され，長期間にわたり湾水の振動が継続する。なお，湾の固有周期 T はほぼ式 (3.12) で求められる。

$$T = \frac{4l}{\sqrt{gh}} \tag{3.12}$$

ここで，l は湾軸に沿った湾の長さ，h は湾水の容積を湾の水面積で割った平均水深，g は重力加速度である。**図 3.11** は，1933 年の三陸津波と 1960 年のチリ津波について，三陸沿岸における各湾の固有周期 T_0 と湾奥と湾口の津波高の比 η_{x_2}/η_{x_1} の関係を示したものである。図より，三陸津波の場合は卓越

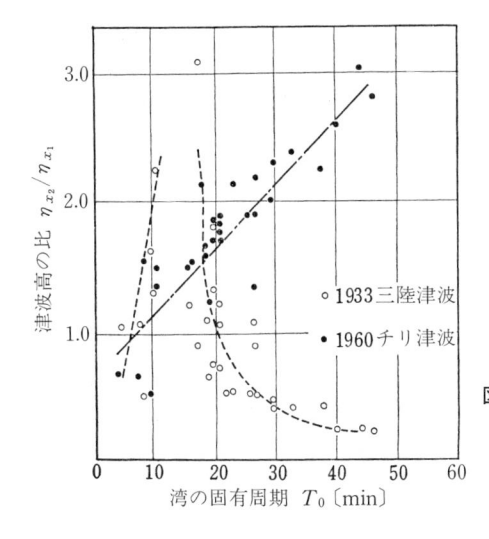

図 3.11 湾の固有周期と津波高の比の関係〔(出典) 和達清夫編：津波・高潮・海洋災害, p. 112, 共立出版 (1970)〕

周期が20分程度であるので，15～20分の固有周期をもつ湾では湾奥波高が湾口波高に比べて3倍以上にもなっている場合があるが，固有周期が30分以上もある大きな湾では，湾奥波高が湾口波高よりも小さくなっている。一方，チリ津波のように卓越周期が60分程度になると，湾の固有周期が大きくなるにつれて大きくなり，小さい湾ほど増幅率が小さい。

例題 3.3 湾口の幅が1 km，水深が50 m，湾奥の幅が20 m，水深が10 mの台形状の港湾の湾口に1 mの津波が来襲したとき，湾奥での津波の高さを求めよ。

【解答】 式 (3.11) のグリーンの法則を適用すると

$$H_1 = 1 \times \left(\frac{50}{10}\right)^{1/4} \left(\frac{1\,000}{20}\right)^{1/2} \cong 10.5 \text{ (m)}$$ となる。 ◇

〔**3**〕 **津波の遡上** 津波が海岸に到達し，陸上に遡上する場合，どこまで遡上するか知ることは防災上重要な問題となる。一般に，津波の遡上高は，静水面からの高さ R で表すのが普通である。カプラン (Kaplan) は1946年および1952年のハワイで観測された津波を対象として，波形勾配 H/L が 10^{-3}

〜10^{-1} の波に対して遡上高を求める実験を行い，つぎのような関係式 (3.13)，(3.14) を求めた．

1) 斜面勾配 1/30 の場合

$$\frac{R}{H} = 0.381 \left(\frac{H}{L}\right)^{-0.316} \tag{3.13}$$

2) 斜面勾配 1/60 の場合

$$\frac{R}{H} = 0.381 \left(\frac{H}{L}\right)^{-0.315} \tag{3.14}$$

ここで，H と L は斜面ののり（法）先における波高と波長であり，これらの式を用いて計算した R は実際の観測値よりも大きくなるのが普通である．

一方，首藤は一様水深の海域から一様勾配の斜面のある場合について，ラグランジュ流に波の遡上現象を理論的に取り扱い，**ケラー・ケラー**（Keller-Keller）と同じ遡上高を表す理論式を求めている．

$$\frac{R}{2a} = \left\{J_0^2\left(4\pi\frac{l}{L}\right) + J_1^2\left(4\pi\frac{l}{L}\right)\right\}^{-1/2} \tag{3.15}$$

ここで，l は斜面法先から汀線までの水平距離，a は入射波の振幅，J_0，J_1 はそれぞれ 0 次および 1 次のベッセル関数である．

3.3.3 津波の数値シミュレーション

津波は主として地震による地殻変動によって発生するので，ここでは地震による津波の数値シミュレーションについて述べる．地震の現象は，地震の震源においてある面の両側が相互にずれてくい違いが生じる断層運動で説明できる．津波は，一般的にこの断層運動による海底地盤の鉛直変位による海面の水位変化が周囲に伝播することによって起こると考えられる．海底地盤の鉛直変位は，**図 3.12** に示す断層パラメータ（断層の長さ $2L$ と幅 W，傾斜角 δ，断層面の深さ h，くい違いの横ずれ成分 U_s と縦ずれ成分 U_d の大きさ）が決まれば，**マンシンハ・スマイリー**（Mansinha-Smylie）**の方法**[11] により求められる．

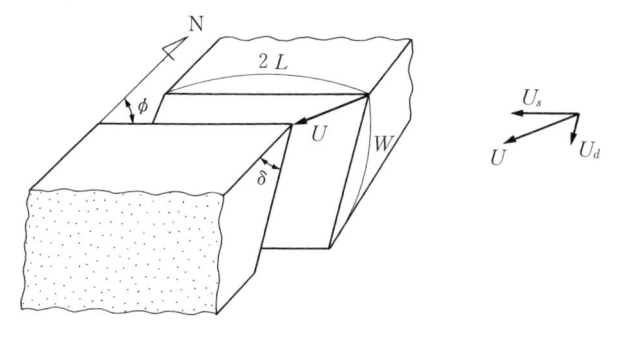

図 3.12 地震の断層モデル

津波の支配方程式は，この海底変動量 ξ の項を含んだ式 (3.16) である．水深が 50 m より深い外海では海底摩擦項と移流項を考慮し，水深が 50 m より浅い沿岸域では海底摩擦項と移流項を無視して計算を行うのが普通である．

$$\left.\begin{aligned}
&\frac{\partial(\eta-\xi)}{\partial t}+\frac{\partial M}{\partial x}+\frac{\partial N}{\partial y}=0 \\
&\frac{\partial M}{\partial t}+\frac{\partial}{\partial x}\left(\frac{M^2}{D}\right)+\frac{\partial}{\partial y}\left(\frac{MN}{D}\right)+gD\frac{\partial \eta}{\partial x}+\frac{gn^2}{D^{7/3}}M\sqrt{M^2+N^2}=0 \\
&\frac{\partial N}{\partial t}+\frac{\partial}{\partial x}\left(\frac{MN}{D}\right)+\frac{\partial}{\partial y}\left(\frac{N^2}{D}\right)+gD\frac{\partial \eta}{\partial y}+\frac{gn^2}{D^{7/3}}N\sqrt{M^2+N^2}=0
\end{aligned}\right\}$$

(3.16)

ここで，M, N は線流量と呼ばれ，それぞれ水平直角座標 x, y 方向の流速を海底から水面まで積分したものである．また，η は静水面からの水位上昇量，$D=h+\eta-\xi$ であり，h は静水深，g は重力加速度，n は Manning の粗度係数である．

図 3.13 は，1946 年南海地震津波の数値シミュレーションの信頼性を検討するために，徳島県海部郡牟岐町で津波遡上高を測量した実測値およびその地点における計算値の比較を示したものである．図の○，●および×印はそれぞれ調査値，解析値および調査値と解析値の比 K_i を示している．また，K は K_i の幾何学的平均値を示し，$\varkappa$ は相田と同様[12]に K_i のばらつきを示す量として，K_i の対数の標準偏差 $\log \varkappa$ から求めたものである．図より，実測値と計算値に一部ばらつきが大きい地点があるが，全体としてみると K の値は

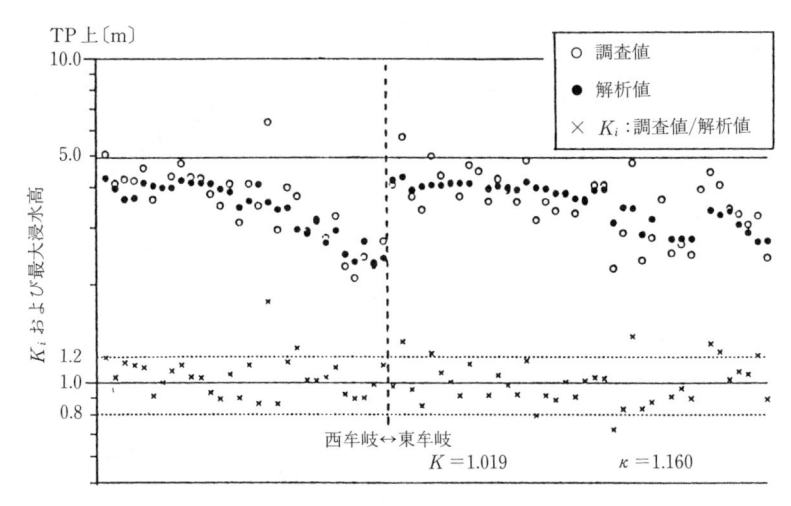

図 3.13 1946 年南海地震津波の数値シミュレーションの信頼性の検討図
〔(出典) 島田富美男,村上仁士,伊藤禎彦,石塚淳一:徳島県牟岐の津波,歴史地震第 10 号,pp. 137〜146 (1994)〕

1.019 とほぼ 1 に等しく,また κ の値も 1.16 とばらつきが少なくなっており,1946 年南海地震津波の遡上高の再現がほぼできることがわかる。

3.4 長周期波による水面振動

3.4.1 副振動

周囲の閉じられた湖や入口の狭い湾などでは,低気圧の通過による気圧変動や突風などの原因で水面の昇降が起こると,内部の水が一定の周期をもった自由振動が発生する。これを**セイシュ**(seiche)という。また,湾の一端が外海に通じ海水が自由に出入りできる場合,うねりや津波などの長周期波による外力に伴って,その湾内に卓越した振動が起こる。この海面変動を特に**副振動**(secondary undulation)あるいは**湾水振動**(harbor oscillation)と呼んでいる。このような現象は古くから知られており,長崎地方ではアビキ,伊豆地方ではヨタと呼ばれている。

副振動の特性は,港湾の地理的条件や港湾の形状,来襲波の種別によって異

3.4 長周期波による水面振動

なるが，その周期は港や湾によって固有の1〜2の狭い周期帯に集中することが多い．図 3.14 は，宇野木の調査による副振動の周期の頻度分布である．

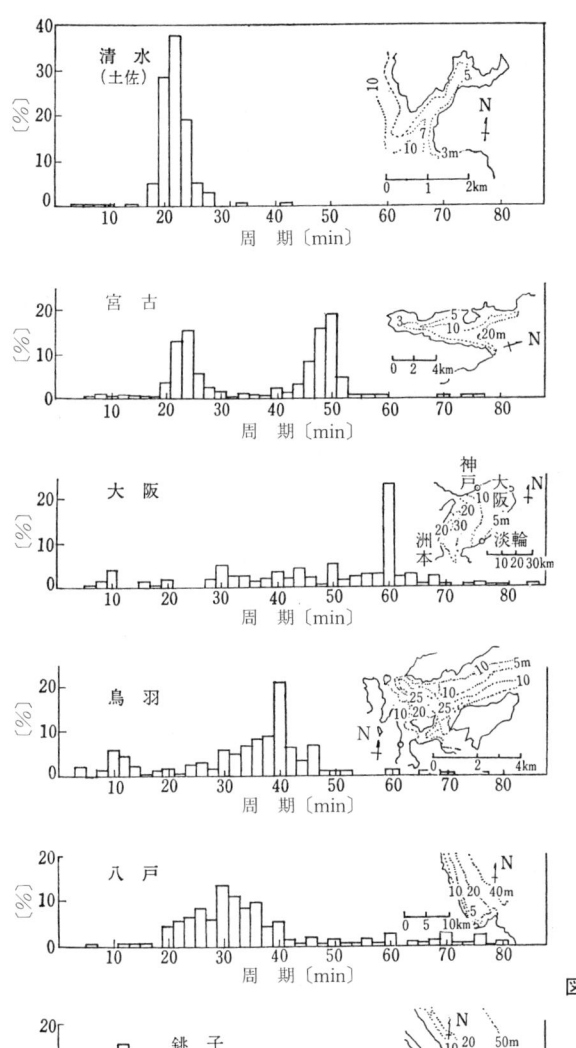

図 3.14 副振動の周期の頻度分布〔(出典) 宇野木早苗：港湾のセイシュと長周期波について，第6回海岸工学講演会講演集，pp. 1〜17 (1959)〕

副振動の波高はふつう数十cm以下であるが，場所によっては1mを超えることがある．

3.4.2 固有振動周期

〔**1**〕 **長方形湖**　幅$2b$，長さaで一様水深hをもつ長方形湖における固有振動周期Tは式(3.17)で表される．

$$T = \frac{2}{\sqrt{gh}}\left\{\left(\frac{m}{a}\right)^2 + \left(\frac{n}{2b}\right)^2\right\}^{-1/2} \tag{3.17}$$

ここで，mおよびnはそれぞれ湾軸および湾幅方向の節の数を表す．例えば，$n=0$の場合は湾軸方向のみの振動を表し，$m=1$であれば**図3.15**(a)のように節が一つの一次モード，$m=2$のときは図(b)のような節が二つの二次モードとなり，周期はそれぞれ$T=2a/\sqrt{gh}$および$T=a/\sqrt{gh}$で表される．

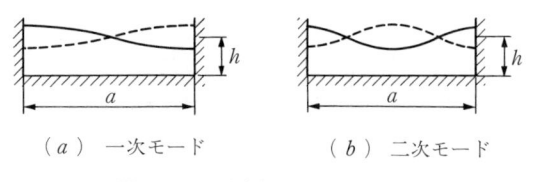

(a)　一次モード　　　(b)　二次モード

図3.15　長方形湖の振動モード

〔**2**〕 **長方形湾**　図3.16に示すように，海岸線が一直線の海岸に，水深hが一定で，湾幅が$2b$，長さlの長方形湾があり，海岸線に直角に波が入射する場合を考える．湾幅$2b$が非常に狭く，湾入部分の乱れが外海の波にあまり影響を与えないとすると，外海では入射波高をH_Iとすると，**2**章の式(2.31)と同様に式(3.18)で表される完全重複波が形成される．

$$\eta_{\text{out}} = H_I \cos k\,x \cos \sigma t \tag{3.18}$$

一方，湾内でも湾奥で振動の腹になる重複波が形成されていると考えられ，湾奥における水面振動の振幅をa_sとすると，湾内の水面形は式(3.19)で

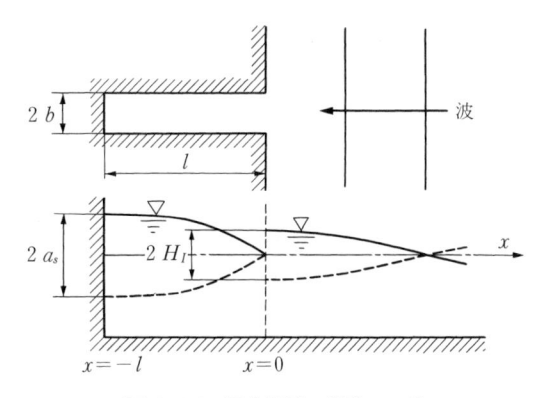

図 3.16 長方形湾の振動モード

表される。

$$\eta_{\text{in}} = a_s \cos k(x-l) \cos \sigma t \qquad (3.19)$$

湾の入口 ($x=0$) で湾内と湾外の水位が等しいとすると，湾奥の振幅 a_s が式 (3.20) のように求められる。

$$[\eta_{\text{in}}]_{x=0} = [\eta_{\text{out}}]_{x=0}$$

$$a_s = \frac{H_I}{\cos kl} \qquad (3.20)$$

式 (3.20) の分母 $\cos kl$ は，$kl = \pi/2,\ 3\pi/2,\ \cdots,\ (2m-1)\pi/2$ のとき 0 で，このとき湾奥の振幅 a_s は無限大となり，湾水が共振を起こす。このときの固有振動周期は式 (3.21) で表される。

$$T = \frac{4l}{(2m-1)\sqrt{gh}} \qquad (3.21)$$

ここで，m は節の数を表す。しかし，実際には共振状態に近づくにつれて湾口で渦を生じたり，湾口から強いじょう乱が外海に放出され，湾奥の振幅 a_s は無限大とはならず有限の値にとどまり，また節は湾口より沖側に位置するようになる。したがって，周期は式 (3.21) で示されるものより大きくなり，補正する必要がある。この補正係数を湾口補正係数という。$m=1$ の基本モードの場合には，この湾口補正係数 α を用いて式 (3.22)，(3.23) で

求められる．

$$T = \frac{4al}{\sqrt{gh}} \tag{3.22}$$

$$a = \left\{1 + \frac{4b}{\pi l}\left(0.9228 - \ln\frac{\pi b}{2l}\right)\right\}^{1/2} \tag{3.23}$$

3.4.3 長方形港湾における共振特性

イッペン（Ippen）と合田は，外海に接した防波堤開口部をもつ長方形港湾の強制振動を解析的に取り扱い，**図 3.17** のように振幅増幅率 R（港内の重複波の波高と港外の重複波の波高との比）の周波数応答特性を求めている．この図は防波堤がある対称形港湾に対する周波数応答曲線であり，図（a）のように細長い港湾の場合は図（b）の湾幅の広い港湾より，R がかなり大きくなっているが，増幅率のピークの幅は狭いことがわかる．また，港口の相対幅 $2d/(2b)$ を狭めるにつれて共振状態の増幅率が増大している．常識的に考えると，これは港口を狭めて港内を静穏にしようとする目的に矛盾しており，**マイルズ**（Miles）と**ムンク**（Munk）はこれを**ハーバーパラドックス**（harbor paradox）と呼んでいる．しかし，実際には港口幅が狭くなると，港口での波のエネルギー損失が大きくなり，港口をある程度以上狭めると増幅率が減少し，ハーバーパラドックスの現象は発生しにくいと考えられる．

コーヒーブレイク

稲 村 の 火

「稲村の火」という話がある．この話は，小泉八雲（ラフカディオ・ハーン）の「生ける神（A Living God）」という名作をもとにして，昭和初期に小学校の国語の教科書に掲載されたもので，防災教育の不朽の名作といわれている．

これは，嘉永7年(1854年)，紀州広村（現在和歌山県広川町）に安政津波が来襲したとき，浜口梧陵は，「これはただ事ではない」，津波が来ると確信し，村人の注意を喚起し避難させるため，収穫するばかりになっていた自分の田のすべての稲むらに火をつけて多くの村民の命を守った話である．この話には，人の命の尊さを教えられ，またいろいろな教訓も含まれており，一読する価値がある．

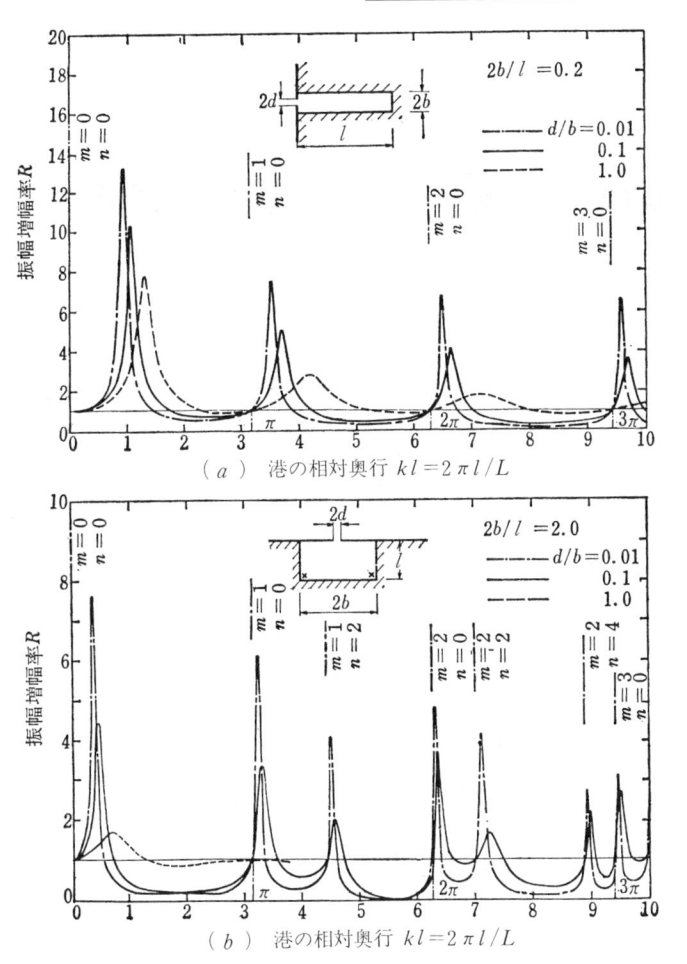

図 **3.17** 長方形港湾の共振スペクトル〔(出典) 合田良實，佐藤昭二：海岸・港湾，p. 80，彰国社（1996）〕

演 習 問 題

【1】 湾長 5 km，水深 20 m の長方形港湾の基本モードの固有周期を求めよ．

【2】 式 (3.4) を用いて，図 **3.4** に示された伊勢湾台風による名古屋港での潮位偏差を求め，実測地と比較せよ．ただし，主風向と最大風速の風向とのなす角度は 0° とする．

4

海の波（不規則波）の統計的性質と推算

　実際に海面に発生している波は，2章で述べたような規則的な波でなく，図4.1に示すように種々の周期，波高の波が重なり合って複雑な海面変動を生じさせている不規則な波である。この不規則な海の波を取り扱う方法として，統計的な代表値によって一群の波を表現する方法，あるいはエネルギースペクトルによって表現する方法がある。いずれの方法でも，不規則な波の性質を完全には表現できないので，それぞれの長所を生かした使い分けが必要である。

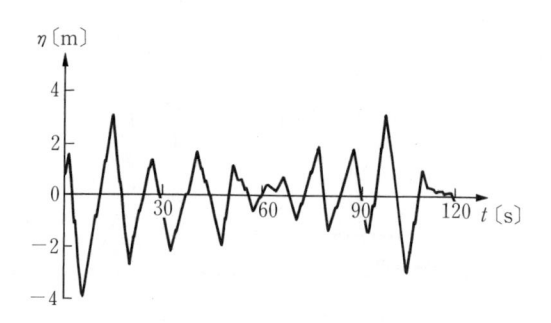

図4.1　海の波の波形記録

4.1　代表波と有義波の定義

　不規則波（irregular waves, random waves）を表現する一つの方法は，不規則波を構成する個々の波（波高および周期）を定義し，それらの波の統計値を全体の不規則波の代表値として表す方法である。この方法を代表波法という。

4.1 代表波と有義波の定義

図 4.2 に示すように，個々の波の代表的な定義方法として，**ゼロアップクロス法**（zero-upcrossing method）がある。これは水面波形が上昇しながら平均水面を切る時刻（a 点）から，つぎに同じように平均水面を切る時刻（b 点）までの最高水位と最低水位の差を波高と定義し，その時間間隔を波の周期と定義する方法である。また，水面波形が下降しながら平均水面を切る場合を同様に定義したのが**ゼロダウンクロス法**（zero-downcrossing method）である。わが国ではゼロアップクロス法が標準的なものとして利用されている。しかし，極浅海域での砕波現象などの現象を把握するには，この方法よりゼロダウンクロス法が適切であると考えられている。

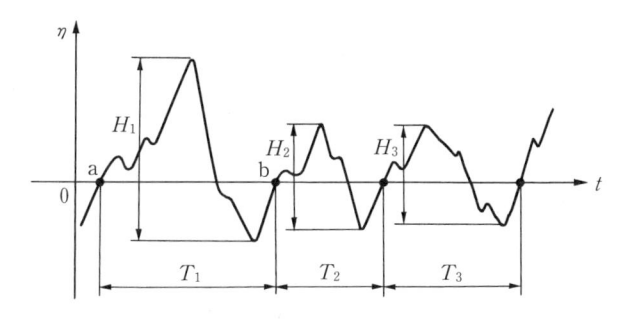

図 4.2 ゼロアップクロス法による波の定義

一般に，海の波に対しては 20 分間波浪を計測するので，周期 10 s の波であれば 120 波分の波高と周期のデータが得られる。このようにして読み取られた個々の波の波高と周期のデータから，つぎのような代表波が定義される。

1) 最大波　計測された個々の波のなかで最大の波高 H_{max} とそれに対応する周期 T_{max} をもつ波を**最大波**（maximum wave）という。
2) 1/10 最大波　計測された個々の波を，波高の大きいほうから 1/10 の波について，波高および周期を平均した波高 $H_{1/10}$ と周期 $T_{1/10}$ をもつ波を **1/10 最大波**という。
3) 1/3 最大波　計測された個々の波を，波高の大きいほうから 1/3 の波について，波高および周期を平均した波高 $H_{1/3}$ と周期 $T_{1/3}$ をもつ波を

1/3 最大波という。

4）**平　均　波**　計測されたすべての波の波高と周期を平均した波高 $\bar{H}$ と周期 $\bar{T}$ をもつ波を**平均波**（mean wave）という。

以上の代表波のなかで，3）の1/3最大波は特に**有義波**（significant wave）と呼ばれ，非常に重要な代表波である。この有義波高は，目視観測した波高の平均値にほぼ一致する。

4.2　波高と周期の確率密度関数

波高の頻度分布がわかれば，代表波の間の関係が求められる。波高の頻度分布については，**ロンゲット・ヒギンズ**（Longuet-Higgins）が電気雑音の理論を用いて，周波数の幅が狭いと仮定し，式（4.1）の**レーリー分布**（Rayleigh distribution）で表されることを理論的に求めている[13]。

$$p\left(\frac{H}{\bar{H}}\right) = \frac{\pi}{2}\frac{H}{\bar{H}}\exp\left\{-\frac{\pi}{4}\left(\frac{H}{\bar{H}}\right)^2\right\} \tag{4.1}$$

式（4.1）より，代表波の波高 $H_{1/10}$，$H_{1/3}$，$\bar{H}$ の間の関係が式（4.2），（4.3）のように与えられる。

$$H_{1/3} = 1.60\bar{H} \tag{4.2}$$

$$H_{1/10} = 1.27H_{1/3} = 2.03\bar{H} \tag{4.3}$$

一方，最大波高 H_{max} は観測される波の数 N によって変化するものであり，N が大きい場合，ほぼ式（4.4）のような関係がある。

$$\frac{H_{max}}{H_{1/3}} = \frac{\sqrt{\ln N}}{1.416} \tag{4.4}$$

波の周期についても種々の出現頻度分布が提案されている。風を受けて十分に発達した波については，**ブレットシュナイダー**（Bretschneider）によると，式（4.5）のように周期の2乗がほぼレーリー分布で表されるとしている。

$$P\left(\frac{T}{\bar{T}}\right) = 2.7\left(\frac{T}{\bar{T}}\right)^3 \exp\left\{-0.675\left(\frac{T}{\bar{T}}\right)^4\right\} \tag{4.5}$$

一般的に代表波周期間の関係は,波の観測時間が十分長ければ,式 (4.6) のような関係が得られている。

$$T_{\max} \cong T_{1/10}, \quad T_{1/3} \cong 1.1\overline{T} \tag{4.6}$$

例題 4.1 20 分間の水位観測の結果,平均周期が 10 s,平均波高が 5 m であった。この場合の有義波,1/10 最大波,最大波の波高を求めよ。

【解答】 有義波高 $H_{1/3}$ は式 (4.2) より
$$H_{1/3} = 1.60\overline{H} = 1.60 \times 5 = 8.0 \,[\text{m}]$$
1/10 最大波 $H_{1/10}$ は式 (4.3) より
$$H_{1/10} = 1.27 H_{1/3} = 1.27 \times 8.0 = 10.16 \,[\text{m}]$$
波数 N は
$$N = \frac{60 \times 20}{10} = 120$$
となるので,最大波高 $H_{\max}$ は式 (4.4) より
$$H_{\max} = \frac{\sqrt{\ln N}}{1.416} H_{1/3} = \frac{\sqrt{\ln 120}}{1.416} \times 8.0 = 12.36 \,[\text{m}]$$
となる。 ◇

4.3 波のスペクトル解析法と方向スペクトル

不規則波を表現するもう一つの方法が,エネルギースペクトルを用いる方法である。これは不規則な波を種々の方向に伝わるさまざまな周波数の成分波が重ね合わさったものと考え,各成分波のエネルギーが周波数や各方向に対してどのように分布しているかを表したものである。

時間的,空間的に不規則な変動をする水位変位 $\eta(x, y, t)$ は,異なる波高,波数,角周波数をもつ無限の正弦波の重ね合わせと考えることができ,式 (4.7) のように表すことができる (図 4.3 参照)。

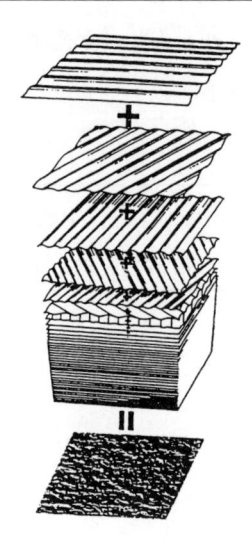

図 4.3 基本波の重ね合わせによる不規則波の表示〔(出典) 土木学会 編：水理公式集（平成 11 年版），p. 429，土木学会 (1999)〕

$$\eta(x, y, t) = \sum_{n=1}^{\infty} a_n \cos\left(k_n \cos\theta_n\, x + k_n \sin\theta_n\, y - \sigma_n t + \varepsilon_n\right)$$

$$= \sum_{n=1}^{\infty} a_n \cos\left(k_n \cos\theta_n\, x + k_n \sin\theta_n\, y - 2\pi f_n t + \varepsilon_n\right) \quad (4.7)$$

ここで，a_n, k_n, σ_n, f_n, ε_n はそれぞれ n 番目の成分波の振幅，角周波数，周波数，位相差である。x, y は平面直交座標であり，n 番目の成分波は x 軸から反時計回りに θ_n の方向に進行している。$k_n \cos\theta_n$ および $k_n \sin\theta_n$ はそれぞれ x および y 方向の周波数成分である。

いま，周波数が f と $f + \delta f$，進行角度が θ と $\theta + \delta\theta$ との間にあるすべての成分波の全エネルギーを式（4.8）のように定義する。

$$\sum_{f}^{f+\delta f} \sum_{\theta}^{\theta+\delta\theta} \frac{1}{2} a_n \equiv S(f, \theta)\, \delta f\, \delta\theta \quad (4.8)$$

このように定義される $S(f, \theta)$ を波の**エネルギースペクトル密度**（energy spectral density of waves）あるいは単に波のスペクトルという。特に，これが周波数 f と方向角 θ の関数であることから，**方向スペクトル**（directional spectrum) という．また，海上のある一点で測定された水位変動を $\eta(t)$ とすると，$\eta(t)$ には波の進行方向の影響が含まれないので，このときのスペクトルを**周波数スペクトル** (frequency spectrum) という．これを $S(f)$ で表せば，$S(f, \theta)$ をあらゆる伝播方向について積分したものに等しい．すなわち

$$S(f) = \int_{-\pi}^{\pi} S(f, \theta) d\theta \tag{4.9}$$

である．この周波数スペクトルを周波数の全領域にわたって積分したものを m_0 とすれば，式 (4.7)〜(4.9) より

$$m_0 = \int_0^\infty \int_{-\pi}^{\pi} S(f, \theta) df \, d\theta = \sum_{f=0}^{\infty} \sum_{\theta=-\pi}^{\pi} \frac{1}{2} a_n = \lim_{t' \to \infty} \frac{1}{t'} \int_0^{t'} \eta^2 dt = \overline{\eta^2} \tag{4.10}$$

となる．波高がレーリー分布に従うとき，有義波高 $H_{1/3}$ と全エネルギー m_0 の関係が式 (4.11) で表される．

$$H_{1/3} = 4.0 \sqrt{m_0} \tag{4.11}$$

この関係は波をゼロアップクロス法で定義するかぎり，ほぼ成り立つ．

また，有義波周期 $T_{1/3}$ とスペクトルのピーク f_p との間には式 (4.12) の関係がある．

$$T_{1/3} f_p \approx 0.95 \tag{4.12}$$

式 (4.8) で定義される方向スペクトル $S(f, \theta)$ を，式 (4.9) で示される周波数スペクトル $S(f)$ を用いて，式 (4.13) のように表すことがある．

$$S(f, \theta) = S(f) G(\theta | f) \tag{4.13}$$

ここで，$G(\theta | f)$ は**方向分布関数** (angular distribution function) であり，$S(f)$ と $G(\theta | f)$ の関数が決まれば，方向スペクトル $S(f, \theta)$ が求まる．周波数スペクトルと方向分布関数に関しては，観測結果に基づいていくつかの関数が提案されている．

4.4 波の理論スペクトル

4.4.1 周波数スペクトル

風波のエネルギースペクトルについては，波浪観測記録の解析や理論的考察に基づき，いろいろな式が提案されている．ここでは代表的なエネルギースペクトルを以下に示す．

〔**1**〕 **ピアソン・モスコビッツ (Pierson-Moskowitz) スペクトル**[14] これは外洋で一定風速の風が十分長い距離を吹送して，波が十分発達した状態のスペクトルを表すものであり，式 (4.14) で示される．

$$S(f) = \frac{8.10 \times 10^{-3} g^2}{(2\pi)^4 f^5} \exp\left\{-0.74\left(\frac{g}{2\pi U_{19.5} f}\right)^4\right\} \qquad (4.14)$$

ここで，$U_{19.5}$ は海面上 19.5 m における風速であり，10 m の高度の風速 U_{10} とは $U_{19.5} = 1.07 U_{10}$ の関係がある．

〔**2**〕 **ブレットシュナイダー (Bretschneider)・光易スペクトル**[15] これは風が有限な距離を吹送している発達途上の風波のスペクトルであり，式 (4.15) で表される．

$$S(f) = 0.257\left(\frac{H_{1/3}}{gT_{1/3}^2}\right)^2 \frac{g^2}{f^5} \exp\left\{-1.03\left(\frac{1}{T_{1/3}f}\right)^4\right\} \qquad (4.15)$$

これは，ブレットシュナイダーのスペクトルを光易が有義波高 $H_{1/3}$ と有義波周期 $T_{1/3}$ を用いて修正したものである．

〔**3**〕 **JONSWAP スペクトル**[16] これは北海の波浪共同観測計画の成果に基づいて Hasselmann らが提案した集中度の高いスペクトルで，式 (4.16)～(4.20) で表される．

$$S(f) = \beta_J \frac{H_{1/3}^2}{T_p^4 f^5} \exp\left\{-1.25\left(\frac{1}{T_p f}\right)^4\right\} \gamma^{\exp\{-(T_p f - 1)^2/(2\sigma^2)\}} \qquad (4.16)$$

$$\beta_J \approx \frac{0.0624\,(1.094 - 0.01915 \ln\gamma)}{0.230 + 0.0336\gamma - 0.185(1.9 + \gamma)^{-1}} \qquad (4.17)$$

$$T_p \approx \frac{T_{1/3}}{1 - 0.132(\gamma + 0.2)^{-0.559}} \quad (4.18)$$

$$\sigma = \begin{cases} 0.07: & f \leqq f_p \\ 0.09: & f > f_p \end{cases} \quad (4.19)$$

$$\gamma = 1 \sim 7 \quad (\text{平均} 3.3) \quad (4.20)$$

ただし，式 (4.16) は JONSWAP スペクトルの原式を合田が波高と周期をパラメータにして修正した式である．JONSWAP スペクトルは，ピークの鋭さを表すパラメータ γ を導入しているのが特徴であり，$\gamma = 1$ のときは式 (4.15) にほぼ一致し，γ の値が増大するにつれてスペクトルのピークが鋭くなる．JONSWAP スペクトルも吹送距離が有限である発達過程の風波のスペクトルを表す．

4.4.2　方向分布関数

方向分布関数の標準形として，式 (4.21)〜(4.24) がよく用いられる．

$$G(\theta|f) = G_0 \cos^{2S}\left(\frac{\theta - \theta_0}{2}\right) \quad (4.21)$$

$$G_0 = \left\{\int_{\theta_{\min}}^{\theta_{\max}} \cos^{2S}\left(\frac{\theta - \theta_0}{2}\right) d\theta\right\}^{-1} \quad (4.22)$$

$$S = \begin{cases} S_{\max}\left(\dfrac{f}{f_p}\right)^5 & : f \leqq f_p \\[1em] S_{\max}\left(\dfrac{f}{f_p}\right)^{-2.5} & : f > f_p \end{cases} \quad (4.23)$$

$$S_{\max} = 11.5\left(\frac{2\pi f_p U_{10}}{g}\right)^{-2.5} \quad (4.24)$$

ここで，θ_0 は方向分布関数のピーク波向き，G_0 は $G(\theta|f)$ を θ について $-\pi$ から π まで積分したときに 1 となる条件を満足する定数，S は波のエネルギーの方向集中度を表すパラメータである．また，$\theta_{\min}$，$\theta_{\max}$ は波の来襲する方位角の範囲で，$S_{\max}$ は S の最大値，f_p は周波数スペクトルのピーク周波数である．なお，$S_{\max}$ の値としてはつぎのような値が提案されている[17]．

1) 風　波 : $S_{max} = 10$
2) 波形勾配の比較的大きなうねり : $S_{max} = 25$
3) 波形勾配の小さなうねり : $S_{max} = 75$

4.5　風波の発生・発達

4.5.1　風波の発生

　海面の上を風が吹くと，海面が乱れて波が発生することが容易に想像される。海面上の風は一様に吹いているようにみえても，詳細にみると複雑に変化しており，この風の乱れは海面に働く圧力の変動をもたらす。この圧力変動が波の発生に重要な役割を果たしていると考え，1957年に**フィリップス**（Phillips）と**マイルズ**（Miles）が時を同じくしてそれぞれ波の発生機構の理論を発表した[18]。

　フィリップスの理論は，風の圧力変動による初期波の発生機構を示したもので，**共振理論**（resonance theory）と呼ばれている。風による海面に働く圧力変動にはいろいろな周波数成分が含まれており，それぞれの周波数成分に対応した微小な波が発生し，この波の速度と風による圧力変動の移動速度がほぼ等しいときには，海面の微小な波は増幅されて波高が増大すると考えている。また，マイルズの理論は，風のエネルギーを水面上に現れた波に供給する波の発達機構を示したもので，**相互作用理論**（interaction theory）と呼ばれている。これは海面上に波が現れてくると，その海面近くでは波の存在によって風の流れ方が変化し，それに従って風により波面に作用する圧力分布も変化し，それが波の成長に影響を及ぼすことになる。

　波が不規則で複雑な形状であるので，波面上の圧力分布もまた複雑に変化する。この圧力分布をいろいろな成分に分けると，波の風上側で圧力が高く，波の風下側で圧力が低くなる成分が存在し，これが波を風下側に押しやる働きをして風から波にエネルギーを供給し，波高を増大させる。さらに，波高が大きくなるにつれて，波面の前面と後面に働く圧力差も大きくなるので，波のエネ

ルギーは指数関数的に増加する。

4.5.2 風波の発達

風によっていったん発生した波が発達するためには，風がある一定時間吹きつづけ，波の進行とともに風のエネルギーを波に供給する必要がある。この風の吹きつづけている時間を**吹送時間**（duration time of wind blow）といい，波が風を受けて発達しながら進行する海域の長さを**吹送距離**（fetch）という。

この波が発達していく状況を，**図 4.4** を用いて説明する。いま，ある一定の風速 U の風が $t = 0$ の時刻から陸から沖へ向かって水域全体に吹きはじめたとする。この場合海面上の至るところで波が発生し，波の進行とともに風からエネルギーが供給され，波高，波長あるいは周期は時間とともに増大する。

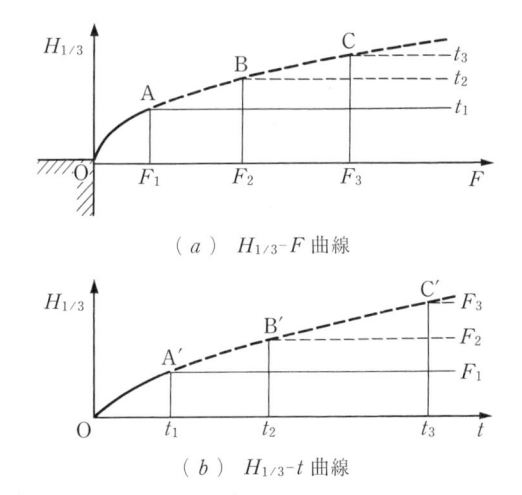

(a) $H_{1/3}$-F 曲線

(b) $H_{1/3}$-t 曲線

図 4.4 吹送距離および吹送時間と波高の関係

図 (a) より，風域の風上端 ($F = 0$) で発生した風波は，風域内を伝播するに従って有義波高が OABC 曲線に沿ってしだいに増大する。岸から $F = F_1$ 離れた地点では，時間とともに有義波高が OA 曲線に沿って大きくなり，図 (b) より t_1 時間以上風が吹き続けてもこの地点（A′ 点）での波高（A′ と A 点における有義波高は等しい）はこれ以上大きくならず，定常状態に達し

ている。しかし，岸から $F = F_2$ 離れた地点では，この t_1 時間ではまだ波高が増大している過渡状態で，t_2 時間以上風が吹きつづければ定常状態になる。したがって，吹送距離 $F = F_2$ に対して波高が十分に発達するためには，最低 t_2 時間以上吹きつづけなければならない。

このように，ある吹送距離において波が十分発達するために，ある一定時間以上風が吹きつづけることが必要であり，この最小の時間を最小吹送時間 t_{min} という。一方，ある吹送時間に注目すると，波がその時間に対応する限度いっぱいに必要な水域の長さを最小吹送距離 F_{min} という。このように，一定風速の風に対する波の発達は，吹送距離か吹送時間のいずれかによって定められる。

4.6 波浪推算法

波浪推算とは，天気図をもとに風域の推定を行い，その結果に基づいて適切な推算法により，波浪の発生・発達・減衰を推算することである。波浪推算の方法は経験公式に基づくもの，有義波法によるものおよびエネルギースペクトル法によるものに大別される。

経験公式は，波の諸元に対する観測値を直接に風の諸元と結び付けたものであり，一般的な推算法として適用するには問題があるが，特定の状況に対する簡便な方法として有用な結果を与える場合がある。

有義波法は，実際の不規則な波を有義波に代表させ，その波高 $H_{1/3}$ と周期 $T_{1/3}$ を風速，吹送距離および吹送時間に結び付けたものである。**SMB法** は有義波法の代表的なものであって，これは Sverdrup-Munk が最初に発展させ，Bretschneider がその後の観測資料を加えて再整理したものである。この方法はもともと深海において一定の風が吹く場合を想定したものであるが，Wilson, Bretschneider, 井島らによって，風が時間的，空間的に変動する場合や，浅海領域の場合にも適用できるように改良されている。多数の観測および推算の実績に裏付けられており，最も広く実用に供されている方法である。

4.6 波浪推算法

スペクトル法は，波のエネルギースペクトルの発達過程を追って波を推算しようとする方法であり，**PNJ**（Pierson-Neumann-James）**法**がその代表的なものである。スペクトル法は原理的には有義波法よりも優れており，風波とうねりを連続したものと仮定して取り扱いうるなどの特徴があり，現在ではスペクトル法が用いられることが多い。本節ではSMB法を中心に紹介する。

4.6.1 海上風の推算

風波の発生，発達の原因が海面上の風であり，波浪推算にあたっては，まず海面上の風を推定する必要がある。風の資料としては，天気図の気圧配置，海岸近くの観測記録，海上船舶からの通報データなどがあり，これらを利用して海面上の風を推定することができる。

〔1〕 **地衡風および傾度風**　　天気図に記載されている風のデータ数は限られているので，風域の大部分については等圧線の配置から風を推定しなければならない。風は空気塊の流れであり，大気の気圧の高いほうから低いほうへ空気は流れる。もし空気塊に働く力がこの圧力差だけであれば，風は等圧線に直角に吹く。しかし，地球自転による偏向力である**コリオリ力**（Coriolis force）が働くため，風の方向を北半球では右（南半球では左）に偏向する力が作用する。図 **4.5**(*a*) に示すように，等圧線が直線で，摩擦力を無視すると，**気圧傾度**（atmospheric pressure gradient）G によって吹く風はコリオリ力 A によって右に偏向し，風は等圧線に平行に吹くことになる。この風を

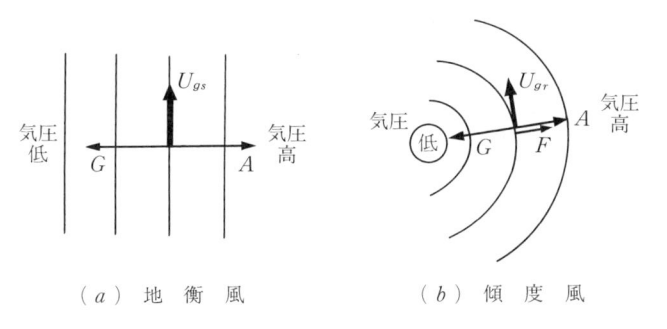

(*a*) 地 衡 風　　　　(*b*) 傾 度 風

図 **4.5**　気圧傾度によって吹く風

地衡風（geostrophic wind）といい，その速度は式（4.25）で表される。

$$U_{gs} = \frac{1}{2\rho_a \omega \sin\varphi} \frac{\partial P}{\partial x} \qquad (4.25)$$

ここで，U_{gs} は地衡風の風速，ρ_a は空気の密度で，$\rho_a \cong 1.1 \times 10^{-3}\mathrm{g/cm^3}$，$\omega$ は地球自転の角速度で，$\omega = 7.29 \times 10^{-5}\,\mathrm{s^{-1}}$，$\varphi$ は緯度，$\partial P/\partial x$ は気圧傾度を示す。

また，図 $4.5(b)$ に示すように等圧線が曲線状で，気圧傾度 G，コリオリ力 A および遠心力 F がつりあって吹く風を**傾度風**（gradient wind）といい，その速度は式（4.26）で表される。

$$U_{gr} = \pm r \left(\sqrt{\omega^2 \sin^2\varphi \pm \frac{1}{r\rho_a} \frac{\partial P}{\partial r}} - \omega \sin\varphi \right) \qquad (4.26)$$

ここで，r は等圧線の曲率半径であり，複号の + は低気圧性，− は高気圧性の場合である。

〔**2**〕**台　　風**　台風（typhoon）とは熱帯低気圧が発達し，最大風速が 17 m/s 以上になったものである。これに類するものとしてアメリカ南東部に来襲するハリケーンやベンガル湾北部に来襲するサイクロンなどがよく知られている。

台風の特徴は，気圧の著しい低下と強い風であり，等圧線はほぼ同心円状をなす。台風内の風は，大きな気圧傾度によって発生する傾度風が主体であって，台風の気圧分布が与えられると，式（4.26）から風速が求まる。台風の気圧分布式として，つぎの**メイヤー**（Meyer）**の式**（4.27）がよく利用される。

$$P(r) = P_c + \Delta P \exp\left(-\frac{r_0}{r}\right) \qquad (4.27)$$

ここで，P_c は台風の中心気圧，ΔP は台風の外側と P_c との差，r_0 は台風の中心からほぼ最大風速の地点までの距離，r は台風の中心からの距離であり，P_c，ΔP，r_0 を与えると，台風の中心からの距離 r の位置の気圧 $P(r)$ が求まる。

実際の気圧分布から ΔP と r_0 を求めるには，式 (4.27) を変形した式 (4.28) を用いる．

$$\log_{10}\{P(r) - P_c\} = \log_{10}\Delta P - \frac{r_0}{2.303}\frac{1}{r} \qquad (4.28)$$

つまり，$\log_{10}\{P(r) - P_c\}$ を半対数紙の対数軸にとり，$1/r$ を直線軸にとって気圧分布をプロットし，それを直線近似し，直線の勾配を 2.303 倍すれば r_0 が，$1/r = 0$ の縦軸の切片を読み取れば ΔP が求められる．

また，式 (4.27) を式 (4.26) に代入すると，台風内の傾度風速が式 (4.29) で表される．

$$U_{gr} = \sqrt{(r\omega\sin\varphi)^2 + \frac{\Delta P}{\rho_a}\frac{r_0}{r}\exp\left(-\frac{r_0}{r}\right)} - r\omega\sin\varphi \equiv F(r) \qquad (4.29)$$

この台風内の傾度風は，前述したように等圧線の接線方向に吹くが，実際の海上風あるいは地上風は，摩擦力によって風速が減少し，かつ風向も等圧線の接線とある角度をなす．北半球では図 **4.6** に示すように，低気圧（あるいは台風）のときは等圧線の接線と角度 α だけ偏って中心に向かって吹き込み，その方向は反時計回りである．この風は中心対称風と呼ばれている．なお，高気圧のときは逆に α だけ偏って外へ向かって時計回りに吹き出す．この α は

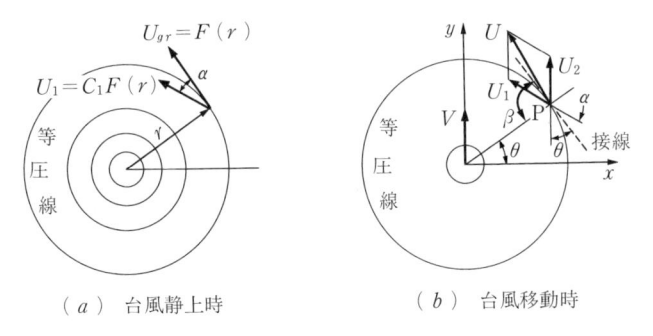

（a）台風静止時　　　　（b）台風移動時

図 **4.6** 台風内の風の合成

緯度によって異なる定数で30°がよく用いられる。

すなわち，台風が静止しているときの風速は，台風内の経度風速 $F(r)$ を用いて，式 (4.30) で表される。

$$U_1 = C_1 F(r) \tag{4.30}$$

ここで，C_1 は定数で0.6あるいは0.7が用いられる。

実際の台風は通常，時速数十kmで移動するので，これが台風内の風速分布に影響を与える。台風の進行方向の右側では中心対称風の風向と台風の移動方向が同じ方向なので風力が強められる。また台風の進行方向の左側では，中心対称風と風の移動方向が逆になるので，風力は弱められる。海上では，風の強さに比例して台風の進行方向の右側で波が高く，左側で波がやや低い。このようなことより，台風の進行方向の右側の海域を危険半円，左側の海域を可航半円と呼ばれる。

いま図 **4.6**(b) に示すように，台風の中心が速度 V で y 方向に移動する場合を考えれば，台風の移動によって生じる場の風 U_2 は式 (4.31) で表される。

$$U_2 = MU_1, \quad M = \frac{V}{F(r_0)} \tag{4.31}$$

図(b)に示すように，台風移動時の点Pの風速は，場の風と中心対称風の合成風速 U であり，式 (4.32) で表される。ここで，α は30°とする。

$$\left. \begin{array}{l} U = C_1 F(r) \sqrt{1 + M^2 - M(\sin\theta - \sqrt{3}\cos\theta)} \\ \beta = \tan^{-1}\left(\dfrac{\sqrt{3} + 2M\cos\theta}{1 - 2M\sin\theta} \right) \end{array} \right\} \tag{4.32}$$

4.6.2 有義波法による波浪推算

〔1〕 **SMB法** 風波の発生・発達に最も支配的な要素は風速 U と吹送距離 F（あるいは吹送時間 t）であり，発生した風波の大きさは，有義波高 $H_{1/3}$ と有義波周期 $T_{1/3}$ で表すことができる。したがって，これらの諸量はお

4.6 波浪推算法

たがいに関連していると考えられ,ウィルソンが1965年に信頼度が比較的高い観測値を用いて,式 (4.33), (4.34) を提案した。

$$\frac{gH_{1/3}}{U^2} = 0.30\left[1 - \left\{1 + 0.004\left(\frac{gF}{U^2}\right)^{1/2}\right\}^{-2}\right] \quad (4.33)$$

$$\frac{gT_{1/3}}{2\pi U} = 1.37\left[1 - \left\{1 + 0.008\left(\frac{gF}{U^2}\right)^{1/3}\right\}^{-5}\right] \quad (4.34)$$

ここに,U は海面上 10 m の高さの風速である。

また,最小吹送時間 $t_{\min}$ は,$t = 0$ に $x = 0$ で発生した波が群速度で $x = F$ まで到達する時間であり,式 (4.35) で求めることができる。

$$t_{\min} = \int_0^F \frac{dx}{C_g} \quad \text{または} \quad \frac{gt_{\min}}{U} = \int_0^{gF/U^2} \frac{d(gF/U^2)}{gT_{1/3}/(4\pi U)} \quad (4.35)$$

図 4.7 は,式 (4.33), (4.34) および式 (4.35) に基づいて,風速と吹送距離あるいは吹送時間から直接波高や周期を求める図表である。図 4.7 を使って風波を推定するには,風速 U,吹送時間 t および吹送距離 F を求め,U と F から求まる値と,U と t から求まる値のうちの小さいほうを採用すればよいことになる。

途中で風速が U_1 から U_2 に変化するときには,波のエネルギー逸散がないものと仮定し,つぎのように取り扱う。最初の風速 U_1 によって求めた図中の波の推定点から等エネルギー線に沿ってつぎの風速 U_2 まで移動し,その点での吹送時間 t' を読み取る。この t' は,最初から U_2 の風が吹いていると仮定したときの最小吹送時間である。したがって,U_2 の風に対する吹送時間は,U_2 の吹送時間 t_2 に t' を加えた有効吹送時間 t_2' となるので,U_2,t_2' または U_2 の風に対する吹送距離 F_2 によって波が推定される。

例題 4.2 吹送距離 $F = 200$ km,風速 $U = 10$ m/s の風が 5 時間吹いた。この風域下流端での波高と周期を求めよ。

【解答】 図 4.7 の風波の予知曲線を用いて求める。波高 $H_{1/3}$,周期 $T_{1/3}$ は風速 U と吹送距離 F あるいは風速 U と吹送時間 t のどちらかから決定できるものであ

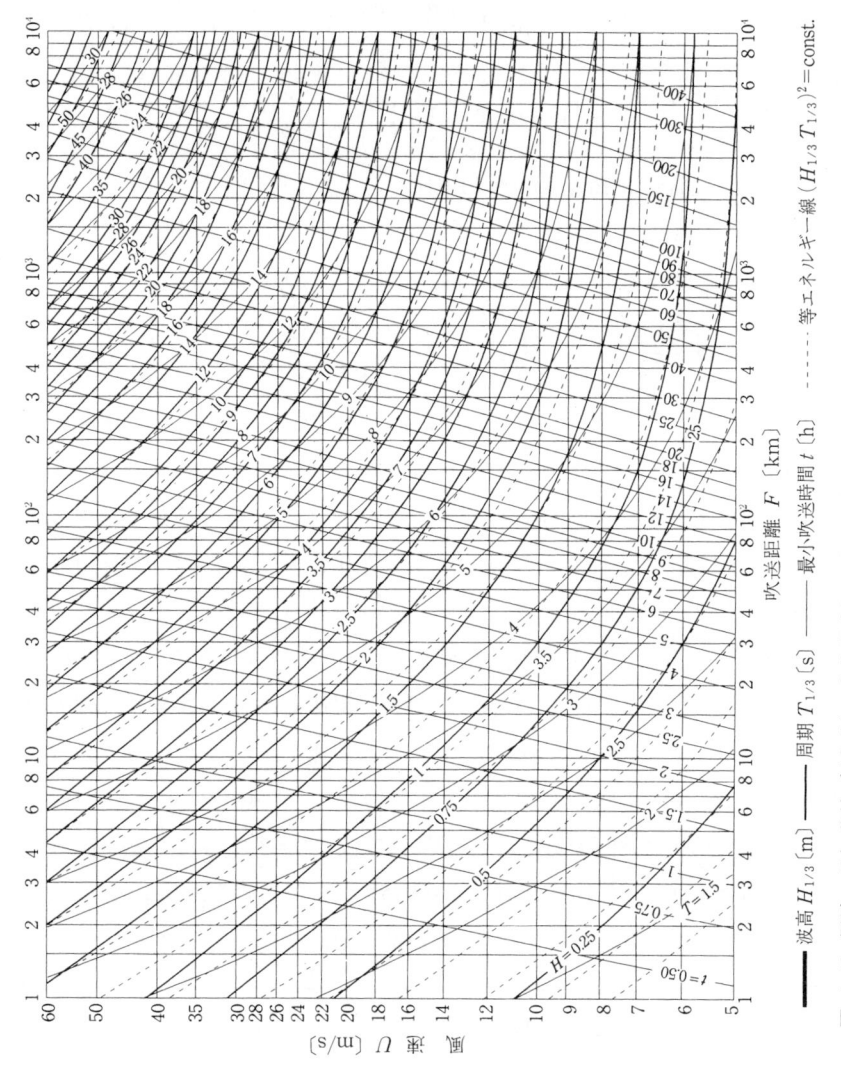

96　　4. 海の波（不規則波）の統計的性質と推算

図 4.7 風波の予知曲線 〔（出典）──波高 $H_{1/3}$ [m] ──周期 $T_{1/3}$ [s] ──最小吹送時間 t [h] ------等エネルギー線 $(H_{1/3}T_{1/3})^2$ =const. 土木学会編：水理公式集（平成11年版），p. 450, 土木学会（1999）〕

り，この例題の場合には $U = 10\,\mathrm{m/s}$ の風が $F = 200\,\mathrm{km}$ に対応する限度いっぱいの波を発達させるためには，図の $U = 10\,\mathrm{m/s}$ と $F = 200\,\mathrm{km}$ の交点における最小吹送時間 $t_{\min} = 16.1\mathrm{h}$ 以上吹きつづける必要がある．したがって，この場合は風速 $U = 10\,\mathrm{m/s}$ と $t = 5\,\mathrm{h}$ の吹送時間によって決まり，$H_{1/3} = 1.2\,\mathrm{m}$，$T_{1/3} = 3.9\,\mathrm{s}$ と求められる． ◇

〔**2**〕 **うねりの推定**　風域内で発達した風波が風域から離れて進行する場合，風からのエネルギーの供給がなくなると同時に，おもに波の方向分散および速度分散によりエネルギー密度が低下し，波高はしだいに減衰し，周期が増大するようになる．このような波をうねりという．方向分散とは，発達した風波はいろいろな方向へ進行する多数の波からなるので，風域外に出るとそれぞれの波が各方向に進行し，エネルギーが分散する現象であり，速度分散とは，周期によって各成分波の群速度が異なり，周期の長い波ほど早く波のエネルギーが伝達するので，波の進行とともに波群の全体が前後に引き伸ばされていき，エネルギー密度が分散する現象である．

うねりの伝播に伴う波高，周期については，ブレットシュナイダーが式 $(4.36) \sim (4.38)$ を提案している．

$$\frac{H_D}{H_F} = \left(\frac{0.4 F_{\min}}{0.4 F_{\min} + D}\right)^{1/2} \tag{4.36}$$

$$\frac{T_D}{T_F} = \left(2 - \frac{H_D}{H_F}\right)^{1/2} \tag{4.37}$$

$$t_D = \frac{4\pi D}{g T_D} \tag{4.38}$$

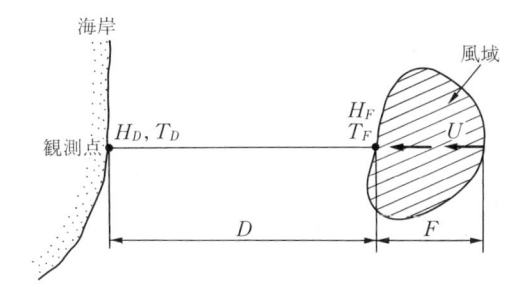

図 4.8　うねりの伝播

ここで，H_D および T_D はそれぞれ図 **4.8** に示す海岸到達地点での波高および周期，H_F および T_F はそれぞれ風域の終端での波高および周期，F_{min} は風域の最小吹送距離，D は風域の終端よりうねりの到達地点までの距離，t_D はうねりの到達時間である。

例題 4.3 吹送距離 300 km，吹送時間 18 h，風速 20 m/s の風域を離れた風波が，風の影響を受けずに 500 km 伝播したときのうねりの波高，周期，到達時間を求めよ。

【解答】 図 **4.7** より，風速 20 m/s，吹送距離 300 km に対応する最小吹送時間は $t_{min} = 15.8$ h であり，発生する波の大きさは風速と吹送距離から求まり，$H_{1/3} = 5.3$ m，$T_{1/3} = 9$ s となる。

式 (4.36)〜(4.38) において，$F_{min} = 300$ km，$D = 500$ km，$H_F = 5.3$ m，$T_F = 9$ s とすると，うねりの波高，周期，到達時間はそれぞれ $H_D = 2.33$ m，$T_D = 11.2$ s，$t_D = 15.9$ h となる。　　◇

演 習 問 題

【1】 吹送距離 $F = 100$ km の風域内を $U = 10$ m/s の風が 10 時間吹きつづけた後，風速が $U = 20$ m/s，$F = 200$ km の風に変化し，5 時間吹きつづけた。風が吹きはじめてから，5，10，15 時間後の波高と周期を求めよ。

5

海岸構造物への波の作用

　波力の算定は海岸，海洋構造物を設計する際にきわめて重要かつ不可欠な要素である。防波堤などの巨大な面に対しては，波力は波による**圧力**（wave pressure：波圧）として扱われ，円柱や捨石のような場合には波力そのものとして扱う。

5.1　波力の特性

　入射する波高と鉛直壁面前面の水深との関係によって，壁面に作用する波圧の特性が変化する。水深を変化させずに波高を増大させると図 5.1 に示すように波圧の形状が変化する。波高が小さいときは重複波が形成され，波圧は緩やかに変化する〔図 (a)〕。波高がある程度増大するとピークを二つ有する双峰形になる〔図 (b)〕。さらに波高が増加し重複波の砕波限界を超えると双峰形の第 1 ピークが第 2 ピークよりも大きくなり砕波圧になる〔図 (c)〕。そして完全に波が砕けると瞬間的に最大となる**衝撃砕波圧**（impact breaking

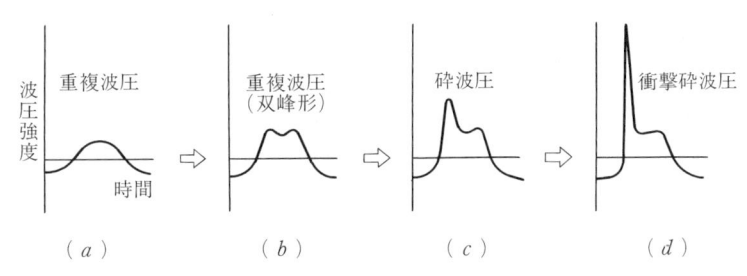

図 5.1　波圧の位相変化〔(出典) 堀川清司：海岸工学, p. 93, 東京大学出版会 (1995)〕

wave pressure) となる〔図 (d)〕。

これらの波圧の変化は連続的に生じるために，波圧を算定する場合に区分して扱うことは困難であるが，通常は式（5.1）によって区分している。

$$h' \geqq 2H \text{（重複波圧）} \\ h' < 2H \text{（砕波圧）} \Bigg\} \tag{5.1}$$

ここで，h'：直立壁前面のマウンドあるいは根固めブロックの上から測った水深，H：直立壁設置位置における進行波としての有義波高である。

5.2 重複波圧

5.2.1 微小振幅波の場合

鉛直な壁面を有する構造物に波高が大きくない波が作用すると，その前面に重複波が形成され水位の変化に応じて**重複波圧**（standing wave pressure）が作用する。**図 5.2** に水位が最高（波の峰），最低（波の谷）における波圧の分布を示す。図中の実線が波による波圧の分布であり，点線が水位の最高，最低時の静水圧分布を示している。静水圧は構造物の背後からも作用するので，実際には**図 5.3** に示すように静水圧部を除いた波圧が作用する。

微小振幅波理論によれば，重複波の速度ポテンシャル ϕ と圧力方程式は以下のように与えられる。

$$\phi = -Hc \frac{\cosh k(h+z)}{\sinh kh} \cos kx \sin \sigma t \tag{5.2}$$

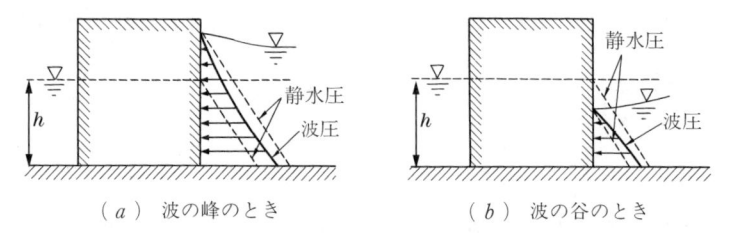

（a）波の峰のとき　　　　（b）波の谷のとき

図 5.2　重複波の波圧分布

(a) 波の峰のとき　　　　(b) 波の谷のとき

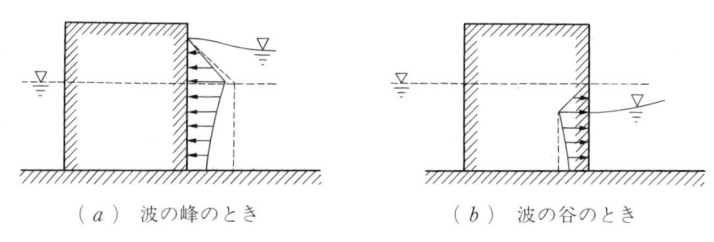

図 5.3　重複波の波圧分布（実際）

圧力方程式は

$$\frac{p}{\rho_0} = -gz - \frac{\partial \phi}{\partial t} \tag{5.3}$$

となる。式 (5.2) を式 (5.3) に代入すれば

$$p = \rho_0 g H \frac{\cosh k(h+z)}{\cosh kh} \cos kx \cos \sigma t - \rho_0 gz \tag{5.4}$$

となり，圧力分布が与えられる。ここで，ρ_0：海水の密度，H：波高である。式 (5.4) は進行波の水中圧力の2倍であることがわかる。

5.2.2　サンフルーの簡略式

重複波の波高が大きくなると微小振幅波として扱えないため，**サンフルー**（Sainflou）は有限振幅波理論を用いた算定方法を提案しているが，複雑な計算を必要とするために実用的には，**図 5.4** に示すように波圧分布を直線近似

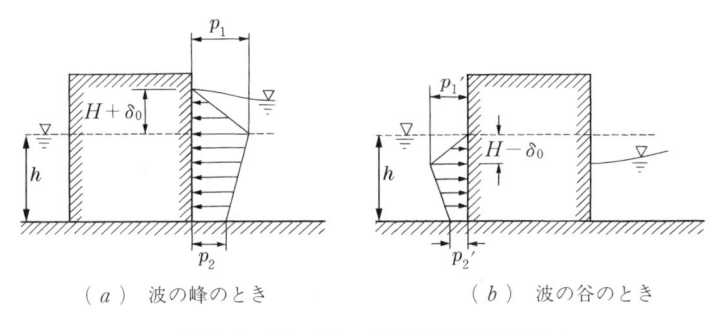

(a) 波の峰のとき　　　　(b) 波の谷のとき

図 5.4　サンフルーの簡略式の波圧分布

した**サンフルーの簡略式**（simplified Sainflou's formula）が一般的である。

$$\left.\begin{array}{l} p_1 = (p_2 + \rho_0 gh)\dfrac{H + \delta_0}{H + \delta_0 + h} \\[6pt] p_1' = \rho_0 g(H - \delta_0) \\[6pt] p_2 = p_2' = \dfrac{\rho_0 gH}{\cosh kh} \\[6pt] \delta_0 = \dfrac{\pi H^2}{L}\coth kh \end{array}\right\} \qquad (5.5)$$

ここで，p_1：壁面に波の峰があるときの静水面における波圧，p_1'：壁面に波の谷があるときの静水面下 $H - \delta_0$ における波圧，p_2, p_2'：直立壁下端における波圧，ρ_0：海水の密度，h：直立壁設置位置の水深，H：直立壁設置位置での進行波としての波高，δ_0：波高中分面の静水面からの上昇量である。

図 5.5 に示すように天端高さが低く越波が生じるときは，壁面に作用する波圧は変化しないが，波圧の作用する範囲が天端までとする。堤頂の波圧 p_3 は式（5.6）で与えられる。

$$p_3 = \dfrac{H + \delta_0 - h_c}{H + \delta_0} p_1 \qquad (5.6)$$

ここで，h_c：静水面上の堤頂高である。

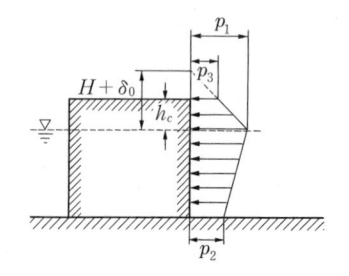

図 5.5　天端が低いときの波圧分布

5.2.3　揚　圧　力

堤体が捨石などの透過性である基礎上に設置されると，波の峰作用時に上向きの圧力が堤体の底部に作用する。この力は**揚圧力**（uplift pressure）と呼ば

れ，図 5.6 に示すように天端高さと波高との関係によって，越波が生じる場合〔図 (a)〕と生じない場合〔図 (b)〕がある。

(a) 越波が生じる場合
　　　（天端が低い）

(b) 越波が生じない場合
　　　（天端が高い）

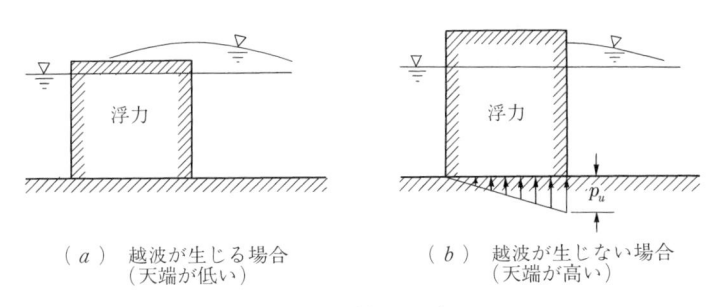

図 5.6　揚　圧　力

揚圧力はサンフルーの簡略式を用いて図に示すように堤体前端で p_u，後端で 0 となる三角形分布で考えることができる。この p_u は堤体沖側の前面下端の波圧 p_2 に等しいとおけるので

$$p_u = p_2 = \frac{\rho_0 g H}{\cosh kh} \tag{5.7}$$

となる。また，静水中に置かれた物体には浮力が作用するため，安定計算においては構造物の重量から差し引く必要がある。なお，天端高さが静水面上の $H + \delta_0$ よりも低く，越波を生じる場合は揚圧力が浮力に含まれるとして考える。

5.2.4　部　分　砕　波　圧

堤体前面の水深が波高の 2 倍以上のときは，式 (5.1) の区分より重複波として扱い，サンフルーの簡略式を適用するが，実際の波では風の影響や波の不規則性により砕波が生じることがある。その場合は図 5.7 に示すように，静水面の上下 $H/2$ の範囲に 5.3.1 項の砕波波圧式（廣井公式）を適用した**部分砕波圧**（partial wave breaking pressure）公式を用いる。

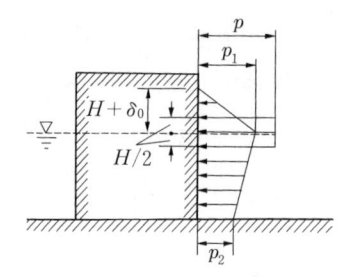

図 5.7　部分砕波時の波圧分布

5.3　砕　波　波　圧

5.3.1　廣　井　公　式

砕波は波のなかでもきわめて複雑な現象であり，**砕波波圧**（wave breaking pressure）を重複波圧のように理論的に求めることが困難であるために，主として実験的にその算定式が求められている．廣井公式は，砕波による波圧が**図5.8**のように堤体の下端から静水面上$1.25H$の高さまで一様に作用すると考えて提案された式である（本章末のコーヒーブレイク参照）．

（a）天端が高いとき　　　　（b）天端が低いとき

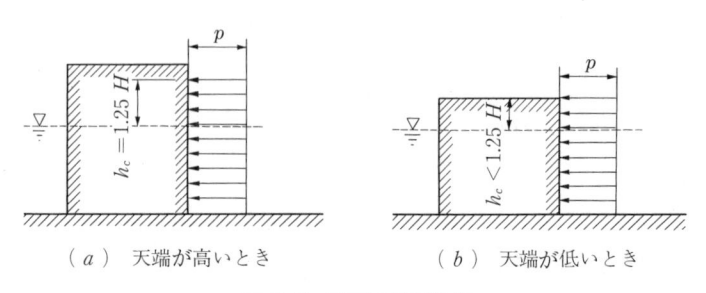

図 5.8　砕波の波圧分布

$$p = 1.5\,\rho_0 g H \tag{5.8}$$

ここで，p：直立堤面に作用する波圧，H：直立壁設置位置での進行波としての波高である．

実際の波圧は静水面近傍で最大となり，下端に向かって減少するので廣井公式で算定した波圧は，実際の局所的な波圧やその分布と一致しない．しかしな

がら，全波圧を面積で平均した波圧が廣井公式の値とよく一致するために現在もよく用いられている．

5.3.2 揚 圧 力

越波を生じない場合には，波が砕波しても揚圧力が作用する．**図 5.6** と同様に $p_u = 1.25\,\rho_0 g H$ とした三角形分布を考える．この p_u の値は式（5.8）で与えられる堤体前面の波力とは一致していないことに注意する必要がある．これは，廣井公式が前面波圧として平均的な値を用いていることによる．また，越波が生じる場合は，5.2.3 項と同様に扱えばよい．

例題 5.1 水深 10 m の地点に設置された天端幅 5 m，天端高さが十分高い直立防波堤に波高 2.5 m，周期 6 s の波が作用する．波の峰作用時における岸向きの波圧合力，転倒モーメント，揚圧力を求めよ．海水の単位体積重量は $10.1\,\mathrm{kN/m^3}$ とする．

【解答】 2 章の式（2.16）より防波堤設置位置での波長 $L = 48.37$ m．したがって，式（5.5）を用いれば

$$\delta_0 = \frac{\pi H^2}{L}\coth kh = \frac{\pi \times 2.5^2}{48.4}\coth\frac{2\pi \times 10}{48.4} = 0.471\ \mathrm{[m]}$$

$$p_2 = \frac{\rho_0 g H}{\cosh kh} = \frac{10.1 \times 2.5}{\cosh(2\pi \times 10/48.4)} = 12.83\ \mathrm{[kPa]}$$

$$p_1 = (p_2 + \rho_0 g h)\frac{H + \delta_0}{H + \delta_0 + h} = (12.83 + 10.1 \times 10)\frac{2.5 + 0.471}{2.5 + 0.471 + 10}$$
$$= 26.07\ \mathrm{[kPa]}$$

となる．したがって波圧合力 P は

$$P = \frac{1}{2}\{p_1(H + \delta_0) + (p_1 + p_2)h\}$$
$$= \frac{1}{2}\{26.07(2.5 + 0.471) + (26.07 + 12.83) \times 10\} = 233.4\ \mathrm{[kN/m]}$$

となる．転倒モーメント M は

$$M = \frac{1}{2} p_1 (H + \delta_0) \left\{ h + \frac{1}{3} (H + \delta_0) \right\} + \frac{1}{6} (2p_1 + p_2) h^2$$

$$= \frac{1}{2} \times 26.07 \times 2.971 \left(10 + \frac{2.971}{3} \right) + \frac{1}{6} (2 \times 26.07 + 12.83) \times 10^2$$

$$= 1\,508.5\,[\mathrm{kN \cdot m/m}]$$

となる。揚圧力の合力 P_u は

$$P_u = \frac{1}{2} p_2 \times 5 = 32.07\,[\mathrm{kN/m}] \qquad \diamondsuit$$

例題 5.2 例題 5.1 で，防波堤の高さが 11 m の場合の波圧合力と転倒モーメントを求めよ。

【解答】 この場合，波が越波するので式（5.6）より

$$p_3 = \frac{H + \delta_0 - h_c}{H + \delta_0} p_1$$

$$= \frac{2.5 + 0.471 - 1.0}{2.5 + 0.471} \times 26.07$$

$$= 17.3\,[\mathrm{kPa}]$$

となる。波力合力 P は

$$P = \frac{1}{2} \{ (p_1 + p_3) h_c + (p_1 + p_2) h \}$$

$$= \frac{1}{2} \{ (26.07 + 17.3) \times 1.0 + (26.07 + 12.83) \times 10 \}$$

$$= 216.2\,[\mathrm{kN/m}]$$

となる。転倒モーメント M は

$$M = \frac{1}{2} (p_1 + p_3) h_c \left\{ h + \frac{h_c}{3} \left(\frac{2p_3 + p_1}{p_3 + p_1} \right) \right\} + \frac{1}{6} (2p_1 + p_2) h^2$$

$$= \frac{1}{2} (26.07 + 17.3) \times 1.0 \left(10 + \frac{1}{3} \frac{2 \times 17.3 + 26.07}{17.3 + 26.07} \right)$$

$$\quad + \frac{1}{6} (2 \times 26.07 + 12.83) \times 10^2$$

$$= 1\,309.9\,[\mathrm{kN \cdot m/m}]$$

となる。 $\qquad \diamondsuit$

5.4 円柱に作用する波力

5.4.1 モリソンの式

円柱構造物を設計する際の外力は波力としての扱いになる。円柱のような構造物の背後には，図 5.9 に示すような渦による抗力と波の周期的運動に起因する水粒子加速度による慣性力が作用し，これらの和で表示できる。円柱の直径 D が波の波長 L と比べて小さい場合（$D < L$），直立円柱の長さ dz 部分に作用する波力 dF_T は

$$dF_T = C_D \rho_0 D \frac{u|u|}{2} dz + C_M \frac{\pi D^2}{4} \rho_0 \frac{Du}{Dt} dz \tag{5.9}$$

となる。ここで，第1項が**抗力**（drag force），第2項が**慣性力**（inertia force），C_D：**抗力係数**（drag coefficient），C_M：**質量係数**あるいは**慣性係数**（inertia coefficient），u，Du/Dt：水粒子の円柱に対する直角方向速度および加速度，ρ_0：海水の密度，g：重力加速度である。流速と加速度は円柱構造物が存在しないときの円柱中心軸位置での値である。式（5.9）において抗力は速度の2乗に比例するため，波高が増大すると微小振幅波としての扱いが困難になる。

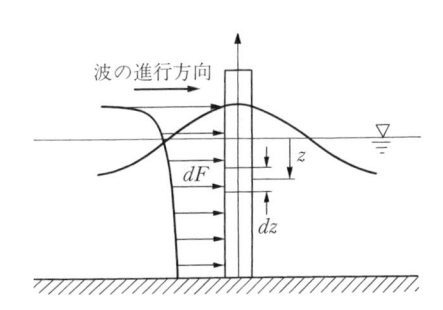

図 5.9 円柱に働く波力

C_D や C_M は構造物の形状によって異なるために実用的な観点からは，C_D は定常流，C_M はポテンシャル理論の値を用いる。**表 5.1**，**表 5.2** に種々の

物体の C_D や C_M 値を示す。なお，C_D は厳密にいえばレイノルズ数の関数，C_M は物体の径と波長との比の関数になる。表中の値はこの比が小さい場合に相当する。

表5.1 各物体の抗力係数

物体の形状 (柱の場合，軸方向は 紙面に直角)	基準面積* (柱の場合 は単位長)	抗力係数 (C_D) (l：柱の長さ)
円柱	D	1.17 ($l \gg D$)
正角柱	D	2.05 ($l \gg D$)
正角柱	$\sqrt{2}\,D$	1.55 ($l \gg D$)
L形柱	D	2.00 ($l \gg D$)
I形柱	D	2.10 ($l \gg D$)
長方形板	D	2.01 ($l \gg D$)
球	$\dfrac{\pi}{4}D^2$	0.5
立方体	D^2	1.05

*：流れの方向に対する物体の投影面積
(出典) 土木学会編：水理公式集(昭和46年版)，p. 523，土木学会(1971)

5.4 円柱に作用する波力

表 5.2 各物体の質量係数

物体の形状 (柱の場合，軸方向は 紙面に直角)	基準体積 (柱の場合 は単位長)	質量係数 (C_M) (l：柱の長さ)
円柱	$\dfrac{\pi}{4}D^2$	2.0 ($l \gg D$)
正角柱	D^2	2.19 ($l \gg D$)
長方形板	$\dfrac{\pi}{4}D^2$	1.0 ($l \gg D$)
球	$\dfrac{\pi D^3}{6}$	1.5
立方体	D^3	1.67

(出典) 土木学会編：水理公式集（昭和46年版），p. 523，土木学会（1971）

5.4.2 抗力と慣性力の比較

式 (5.9) において u と Du/Dt に微小振幅波理論を適用すると

$$\left. \begin{aligned} u &= u_0 \cos(kx - \sigma t) \\ u_0 &= \frac{\pi H}{T} \frac{\cosh k(h+z)}{\sinh kh} \\ \frac{Du}{Dt} &= \frac{\partial u}{\partial t} = \sigma u_0 \sin(kx - \sigma t) \end{aligned} \right\} \quad (5.10)$$

より，直立円柱の単位長さ当りの抗力 F_D と慣性力 F_M は

$$\left. \begin{aligned} \frac{dF_D}{dz} &= C_D \frac{\rho_0}{2} D u_0^2 \cos(kx - \sigma t)|\cos(kx - \sigma t)|, \\ \frac{dF_M}{dz} &= C_M \rho_0 \frac{\pi D^2}{4} u_0 \sigma \sin(kx - \sigma t) \end{aligned} \right\} \quad (5.11)$$

となる．したがって，最大抗力と最大慣性力の比は式（5.12）で表される．

$$\frac{dF_M/dz}{dF_D/dz} = \frac{C_M \pi^2 D}{C_D u_0 T} = \frac{C_M}{C_D} \frac{\pi^2}{KC} \tag{5.12}$$

ここで，$KC:\{=D/(u_0 T)\}$ **クーリガン・カーペンター数**である．C_D や C_M はほぼ同程度の大きさなので，KC 数が大きくなると抗力が卓越し，KC 数が小さくなると慣性力が卓越する．

また，式（5.12）において静水面付近（$z=0$）で両者を比較すると，$u_0 = (\pi H/T)(\cosh kh/\sinh kh)$ より

$$\frac{dF_M/dz}{dF_D/dz} = \frac{C_M \pi D}{C_D H} \tanh kh \tag{5.13}$$

となる．水深が深いところで $D \gg H$ の場合，慣性力が卓越し，水深の浅いところでは kh が小さいために慣性力の影響は小さくなる．

5.4.3 全波力と最大波力

部材が水面に直立の場合，全波力 F_T は式（5.9）を底面から水面まで積分すればよい．

$$\begin{aligned} F_T &= \int_{-h}^{\eta} dF_D + \int_{-h}^{\eta} dF_M \\ &= \frac{\rho_0 g C_D D H^2}{16 \sinh 2kh} \{\sinh 2k(h+\eta) + 2k(h+\eta)\} \cos\theta |\cos\theta| \\ &\quad + \frac{\rho_0 g \pi C_M H D^2}{8 \cosh kh} \{\sinh k(h+\eta)\} \sin\theta \end{aligned} \tag{5.14}$$

ここで，$\theta = kx - \sigma t$ である．

η は θ の関数であるため F_T の最大値 $F_{T\max}$ は複雑に変化するが，$h \gg \eta$ あるいは円柱がつねに水中にあるときの $F_{T\max}$ は式（5.15）で与えられる．

$$\left.\begin{aligned} F_{T\max} &= F_{D\max} + \frac{(F_{M\max})^2}{4 F_{D\max}} \quad (2F_{D\max} > F_{M\max}) \\ F_{T\max} &= F_{M\max} \quad\quad\quad\quad\quad\quad\quad (2F_{D\max} \leq F_{M\max}) \end{aligned}\right\} \tag{5.15}$$

例題 5.3 水深 5 m の海中に直径 0.2 m の円柱を水底より設置した場所に，波高 1.5 m，周期 6 s の波が作用した．円柱の水深 $z = -1\,\mathrm{m} \sim -3\,\mathrm{m}$ の区間に作用する水平波力の最大値を求めよ．ただし，$C_D = 1.0$，$C_M = 2.0$，海水の単位体積重量 $10.1\,\mathrm{kN/m^3}$ とする．

【解答】 水深 5 m 地点の波長 L は，2 章の式（2.16）より，$L = 38.1\,\mathrm{m}$ となる．式（5.14）より

$$F_{D\max} = \frac{\rho_0 g C_D D H^2}{16 \sinh 2kh} \{\sinh 2kz_2 - \sinh 2kz_1 + 2k(z_2 - z_1)\}$$

$$= \frac{10.1 \times 1.0 \times 0.2 \times 1.5^2}{16 \sinh(4\pi \times 5/38.1)}$$

$$\times \left(\sinh \frac{4\pi \times 3}{38.1} - \sinh \frac{4\pi \times 1}{38.1} + \frac{4\pi(3-1)}{38.1}\right) = 0.168\,1\,[\mathrm{kN}]$$

$$F_{M\max} = \frac{\rho_0 g \pi C_M H D^2}{8 \cosh kh} (\sinh 2kz_2 - \sinh 2kz_1)$$

$$= \frac{10.1 \times \pi \times 2.0 \times 1.5 \times 0.2^2}{8 \cosh(2\pi \times 5/38.1)}$$

$$\times \left(\sinh \frac{4\pi \times 3}{38.1} - \sinh \frac{4\pi \times 1}{38.1}\right) = 0.288\,2\,[\mathrm{kN}]$$

となり，$2F_{D\max} > F_{M\max}$ なので，式（5.15）より

$$F_{T\max} = F_{D\max} + \frac{(F_{M\max})^2}{4F_{D\max}} = 0.168\,1 + \frac{0.288\,2^2}{4 \times 0.168\,1} = 0.291\,6\,[\mathrm{kN}] \quad \diamondsuit$$

5.5 捨石斜面の安定

捨石（rubble stone）を用いた防波堤は，日本以外では一般的である．波のエネルギーが捨石斜面上で消耗するため，捨石間の間げき内に流入した流れや水塊そのものによって捨石に揚力が作用し，実重量が低下して滑動しやすくなる．それゆえ断面を構成している捨石が，波浪によって移動せず安定するために必要な重量の決定が重要である．

図 5.10 に示すように，捨石 1 個に作用する揚力を F_L とすると，抗力の算

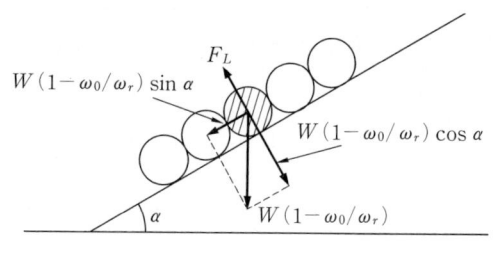

図 5.10 斜面上の捨石の安定

定と同様に速度の2乗に比例するので式 (5.16) のようにおける。

$$F_L \propto \rho_0 A V^2 \tag{5.16}$$

ここで，A：揚力を受ける捨石の断面積，V：断面に直角に作用する流速，ρ_0：海水の密度である。V は近似的に長波として扱い，そこでの水深 h が波高 H と同程度とすると，$V \propto \sqrt{gh} \propto \sqrt{gH}$ となる。さらに，捨石の重量 W，捨石の単位体積重量 ω_r とすると，$A \propto (W/\omega_r)^{2/3}$ とおける。したがって式 (5.16) は

$$F_L \propto \rho_0 \left(\frac{W}{\omega_r}\right)^{2/3} gH = k\omega_0 H \left(\frac{W}{\omega_r}\right)^{2/3} \tag{5.17}$$

となる。ここで，k：定数，ω_0：海水の単位体積重量である。

斜面の勾配を $\tan \alpha$，捨石間の摩擦係数を f とし質点系のつりあいの条件から，斜面上での捨石の滑動限界条件を式 (5.18) で与えることができる。

$$W\left(1 - \frac{\omega_0}{\omega_r}\right)\sin \alpha = f\left\{W\left(1 - \frac{\omega_0}{\omega_r}\right)\cos \alpha - k\omega_0 H\left(\frac{W}{\omega_r}\right)^{2/3}\right\} \tag{5.18}$$

式 (5.18) より，捨石が移動せず安定するために必要な1個の最小重量は式 (5.19) で与えられる。

$$W = \frac{Kf^3 \omega_0 H^3}{(\omega_r/\omega_0 - 1)^3 (f\cos \alpha - \sin \alpha)^3} \tag{5.19}$$

式 (5.19) が**イリーバーレン** (Iribarren) **の式**といわれ，$K (= k^3)$ は定数で実験的に決定される値である。捨石では $f = 1.01 \sim 1.1$，K は斜面勾配 α

と h/L によって変化する。

式（5.19）よりも適用性の高い式としてハドソンにより提案された**ハドソン（Hudson）公式**を式（5.20）に示す。

$$W = \frac{\omega_r H^3}{K_D(\omega_r/\omega_0 - 1)^3 \cot \alpha} \tag{5.20}$$

ここで，K_D：**安定係数**（stability factor）である。

安定係数は捨石堤について提案されたが，コンクリートブロックの重量の算定にも用いられている。安定係数の値は波の特性やブロックの種類によって異なるために，実験によって決定される。およその目安として，被害率（斜面全体を構成している数に対して移動した数の割合）が0～1％のとき，捨石では2～5，ブロックでは5～20である。安定係数が大きいことは，想定被害の許容範囲内であれば堤体の安定に必要とされる個々の重量を小さくできる（経済的である）ことを意味している。また，重量は波高の3乗に比例するので波高が2倍になれば，重量としては8倍となることに注意をする必要がある。現地の不規則波に対しては，有義波を用いて算定した重量で安定するといわれている。被害率をやや大きく見積もる際の安定係数については，**表5.3**のような値をハドソンが与えている。表中の H^* は被害率0～1％のときの波高である。

表5.3 被害率と安定係数

被 害 率〔％〕	H/H^*	K_D
0～1	1.00	3.2
1～5	1.18	5.1
5～15	1.33	7.2
10～20	1.45	9.5
15～40	1.60	12.8
30～60	1.73	15.9

(Hudson, R. Y. : Proc. ASCE,Vol. 85, No. WW 3)
(出典) 土木学会編：水理公式集(昭和60年版)，p. 523，土木学会 (1985)

実際の海域では，捨石斜面に対してさまざまな方向から波が入射してくるため，のり肩の捨石は他の地点のものより転落する危険性が高い。そのために堤

体頭部の重量としては，式 (5.20) で算出される値の 1.5 倍とする必要がある。また，静水面から波高の 1.5 倍より深い地点では波の作用が弱くなるので，捨石の重量を式 (5.20) で算定される値よりも小さくすることができる。

わが国では，防波堤を波浪条件の厳しい海域において設置する場合，ケーソン前面にコンクリートブロックを用いることが多い。このブロックを消波ブロックという。消波ブロックの安定問題も捨石の安定と同様に扱える（図 **5.11**）。

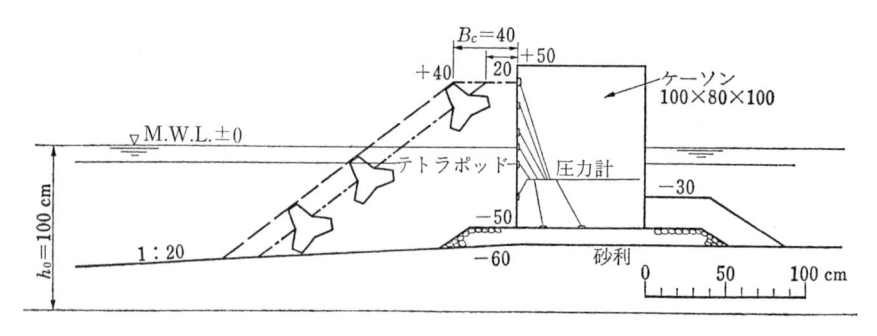

図 5.11 消波ブロックの例〔(出典) 近藤俶郎，竹田英章：消波構造物，p. 195, 森北出版 (1983)〕

表 5.4 には各種異形ブロックの K_D 値を示す。また，**図 5.12** には異形ブロックの形状を示す。

表 5.4 異形ブロックの安定係数 (K_D)

名　称	K_D	名　称	K_D	名　称	K_D
テトラポッド	8.3	シェーク	8.6	クリンガー	8.1, 8.3
中 空 三 角	7.6, 8.1	コーケン	8.1, 8.3	ジュゴン	8.1, 9.0
六　　　脚	7.2, 8.1	三　　連	10.3	W ・ V	13.0
三　　　柱	8.1, 10.0	四 方 錐	9.3	ホロースケヤ	13.6
アクモン	8.3	合　　掌	8.1, 10.0	ガンマエル	8.5

(出典) 近藤俶郎，竹田英章：消波構造物，p. 181, 森北出版 (1983)

5.5 捨石斜面の安定　115

テトラポッド	六脚ブロック	中空三角ブロック	トリバー
ホロースケヤー	コドリポット	スタビット	修正立方ブロック
アクモン	三柱ブロック	ジュゴン	シェークブロック
コーケンブロック	合掌ブロック	ドロス	W.V
三連ブロック	ガンマエルブロック	四方錐	クリンガー

図 5.12　異形ブロックの種類〔(出典)　近藤俶郎，竹田英章：消波構造物，p. 180，森北出版(1983)〕

例題 5.4　のり面勾配 1：2 の 2 層積みの捨石堤において，設計波 3.0 m，被害率 0 ％のときの重量を求めよ．また，被害率 1〜5 ％となる波高，および所要重量 W^* の 80 ％の捨石を用いたときの被害率を算定せよ．$K_D = 4$，$\omega_r / \omega_0 = 2.6$ とする．

【解答】　題意より式 (5.20) は

$$W = \frac{2.6 \times 10.1 \times 3.0^3}{4 \times 1.6^3 \times 2} = 21.0 \, [\text{kN}]$$

となる．表 5.3 より被害率 1〜5 ％の H/H^* の値は 1.18 なので

$$H = 1.18 \, H^* = 3.54 \, [\text{m}]$$

となる．式 (5.20) を変形すると下式のようになる．

$$H = \left(\frac{\omega_r}{\omega_0} - 1\right)\left(\frac{WK_D \cot \alpha}{\omega_r}\right)^{1/3}$$

所要重量の 80 % である $0.8\,W^*$ のときの波高 H と H^* の比をとると

$$\frac{H}{H^*} = \left(\frac{W^*}{W}\right)^{1/3} = \left(\frac{1}{0.8}\right)^{1/3} = 1.08$$

したがって，**表 5.3** より被害率 2〜3 % 程度となる。　　◇

5.6　反 射 と 透 過

5.6.1　反射率と透過率

波が海岸構造物に向かって進行すると，入射した波のエネルギーの一部は反射して沖側に，一部は構造物を通過して岸側に向かい，残りのエネルギーが構造物の内外で砕波や摩擦によって消費される。これらの関係を**図 5.13** に示す。

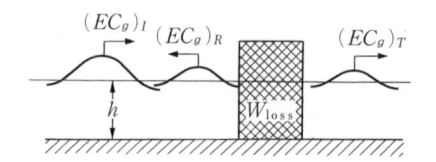

図 5.13　構造物での波のエネルギーのつりあい

波が構造物に作用すると波の周期が変化する場合があるが，ここでは入射波，反射波，透過波の周期を同一として扱う。輸送される波のエネルギー (EC_G) のつりあいから

$$\left.\begin{array}{l} (EC_G)_I = (EC_G)_R + (EC_G)_T + W_{\mathrm{loss}} \\[4pt] \dfrac{1}{8}\rho_0 g H_I^2 C_G = \dfrac{1}{8}\rho_0 g H_R^2 C_G + \dfrac{1}{8}\rho_0 g H_T^2 C_G + W_{\mathrm{loss}} \end{array}\right\} \quad (5.21)$$

となる。

ここで，E：波のエネルギー，H_I：入射波高，H_R：反射波高，H_T：透過波高，C_G：群速度，W_{loss}：エネルギー損失量，添字 I, R, T：入射，反射，透過を示している。これらを入射波の波高比で表示すると

5.6 反射と透過

$$1 = K_R^2 + K_T^2 + K_{\text{loss}} \qquad (5.22)$$

となる。

ここで，$K_R = H_R/H_I$：反射率，$K_T = H_T/H_I$：透過率，$K_{\text{loss}}[= W_{\text{loss}}/\{(1/8)\rho_0 g H_I^2 C_G\}]$：エネルギー損失率である。直立式の不透過防波堤前面において，砕波がない完全重複波の場合は $K_R = 1.0$，$K_T = K_{\text{loss}} = 0$ となる。

構造部の反射率はその形状，粗度，空げき率，波浪条件によって異なるが，およその目安を**表 5.5** に示す。

表 5.5 構造形態による反射率の目安

構 造 様 式	反 射 率
直立壁(天端は静水面上)	0.7 〜1.0
直立壁(天端は静水面下)	0.5 〜0.7
捨石斜面(2〜3割勾配)	0.3 〜0.6
異形消波ブロック斜面	0.3 〜0.5
直 立 消 波 構 造 物	0.3 〜0.8
天 然 海 浜	0.05〜0.2

(出典) 服部昌太郎：海岸工学, p. 188, コロナ社 (1987)

表中の上限は波形勾配の小さい波の場合であり，下限は波形勾配の大きい波の場合である。

5.6.2 ヒーリーの方法

入射波を $(H_I/2)\cos(kx - \sigma t)$，反射波を $(H_R/2)\cos(kx + \sigma t)$ とすると，構造物の沖側の水面形 η は両者の和で表示できる。

$$\eta = \frac{1}{2}(H_I + H_R)\cos kx \cos \sigma t + \frac{1}{2}(H_I - H_R)\sin kx \sin \sigma t \qquad (5.23)$$

となる。式 (5.23) は $x = L/4$ ごとに波高の最大 $H_{\max}$，最小 $H_{\min}$ が生じることを意味しており，実験的にこれらの値を求めると式 (5.24) のような関係が得られる。

$$H_{\max} = H_I + H_R, \quad H_{\min} = H_I - H_R \qquad (5.24)$$

118   5. 海岸構造物への波の作用

したがって，反射率 K_R は

$$K_R = \frac{H_R}{H_I} = \frac{H_{\max} - H_{\min}}{H_{\max} + H_{\min}} \tag{5.25}$$

となる。この方法を**ヒーリー**（Heary）**の方法**という。この方法は便利であるが，有限振幅波に対しては誤差が大きくなる。

5.7 波の打上げ高さと越波量

5.7.1 打上げ高さ

波が海岸構造物や斜面に作用すると，水粒子がそれらを遡上し高く上がる。この水粒子の到達高さは構造物の天端高を決めるときに重要になり，天端が低いと水粒子が越流する。前者を波の打上げ高さといい，後者を越波という。これらの現象は，波の特性，構造物形状，海底勾配，設置位置によって複雑に変化する。

〔1〕 一様勾配上の場合　図 5.14 に示すような一様勾配 α の海底上の傾斜角 β の斜面を波が遡上するとき，β の値によって斜面上で波が砕波する。斜面上で砕波限界となる角 β_c は，**ミッシェ**（Miche）により式(5.26)で与えられる。

$$\sqrt{\frac{2\beta_c}{\pi}} \frac{\sin^2 \beta_c}{\pi} = \frac{H_0'}{L_0} \tag{5.26}$$

ここで，H_0'：換算沖波波高，L_0：沖波波長であり，$\beta_c > \beta$ のとき斜面上で砕波する。高田はミッシェの考え方を参考にして打上げ高さ R の算定式 (5.27)

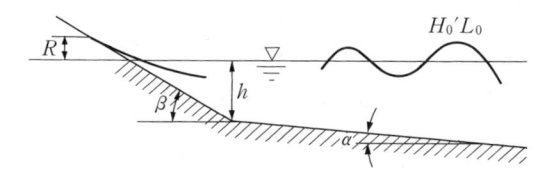

図 5.14　打上げ高さの定義

を提案した.

$$\frac{R}{H_0'} = \left(\sqrt{\frac{\pi}{2\beta}} + \frac{h_0}{H}\right) K_s \qquad (\beta > \beta_c)$$
$$\frac{R}{H_0'} = \left(\sqrt{\frac{\pi}{2\beta_c}} + \frac{h_0}{H}\right) K_s \left(\frac{\cot\beta_c}{\cot\beta}\right)^{2/3} \quad (\beta < \beta_c) \Bigg\} \quad (5.27)$$

ここで,H:堤脚水深 h での入射波高,K_s:浅水係数,h_0:重複波の静水面上中位面の高さであり,h_0 は式 (5.28) で表示できる.

$$\frac{h_0}{H} = \pi \frac{H}{L} \coth\frac{2\pi h}{L}\left\{1 + \frac{3}{4\sinh^2(2\pi h/L)} - \frac{1}{4\cosh^2(2\pi h/L)}\right\} \quad (5.28)$$

最大打上げ高さは,$\beta = \beta_c$ のときに生じる.波が斜面前面で砕波しない場合は,海底勾配は打上げ高さにほとんど影響しない.なお,斜面前面で砕波する場合は,豊島らの算定図を用いる.

〔2〕 **複合断面(斜面が陸上にある)場合**　図 **5.15** に示すように構造物の断面が複合となる場合は,打上げ高さに及ぼす要素が増加するため,現象はより複雑になる.**ザビール**(Saville)は,仮想勾配による方法で簡易に打上げ高さを求める方法を提案している.概要は以下のようである.

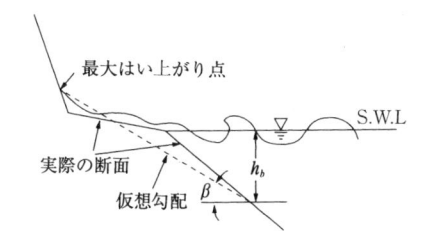

図 **5.15**　ザビールの仮想勾配
〔(出典)土木学会編:水理公式集(平成11年版),p. 526,土木学会 (1999)〕

図のように,① 砕波水深 h_b を求め砕波点を決定する.② 打上げ高さを仮定して,砕波点と結んだ直線の勾配 $\cot\beta$ を仮想勾配とする.③ この $\cot\beta$ と H_0'/L_0 を用いて,図 **5.16** より打上げ高さを算定する.④ この打上げ高さと ② で仮定した打上げ高さが一致するように計算を繰り返す.なお,この計算方法が適用できる範囲は $\cot\beta < 30$ である.

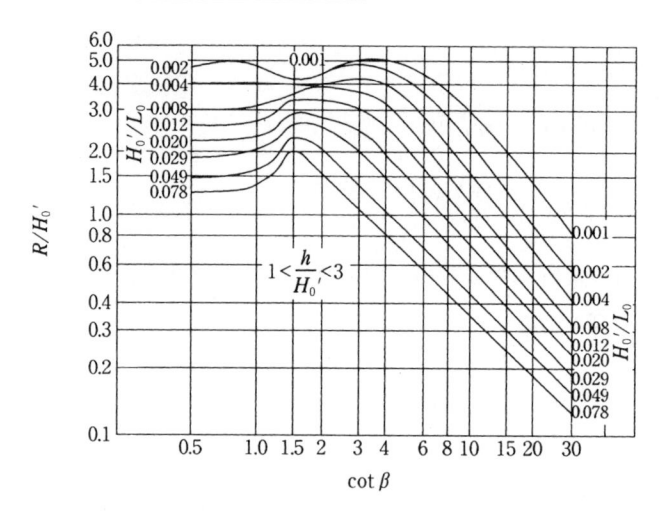

図 5.16 打上げ高さの算定図〔(出典) 土木学会編：水理公式集（平成 11 年版），p. 526，土木学会（1999）〕

5.7.2 越　波　量

〔**1**〕 **直立護岸の越波量**　海岸構造物により波を防ぐ場合，来襲する不規則波の波群中には設計波以上の波が存在するために越波を防止することは実際上不可能である．そのために不規則波に対する取扱いが重要となる．

根固めマウンドやパラペットなどがない単純な直立護岸における越波量は，つぎの不規則の波越波量式（5.29）により算定される．同式は合田らにより提案された規則波の越波量式をもとにしている．

$$\frac{q}{\sqrt{2gH_0'^3}} = \int_0^\infty A_0 \left(\frac{K}{1+K}\right)^{3/2} (H^*)^{3/2} \left(1 - \frac{h_c}{H_0'}\frac{1}{KH^*}\right)^{5/2} p(H^*)\, dH^* \tag{5.29}$$

ここで，q：単位幅，単位時間当りの平均越波量，H_0'：換算沖波有義波，$A_0 (= 0.1)$：越流係数に対する定数，$H^* = H/H_0'$：無次元波高，h_c：静水面から測った天端高，$p(H^*)$：H^* の確率密度関数で不規則波の波浪変形モデルより求まる．また，$K = \eta_c/H$：波頂高比である．なお，K は式 (5.30) で与えられる．

5.7 波の打上げ高さと越波量

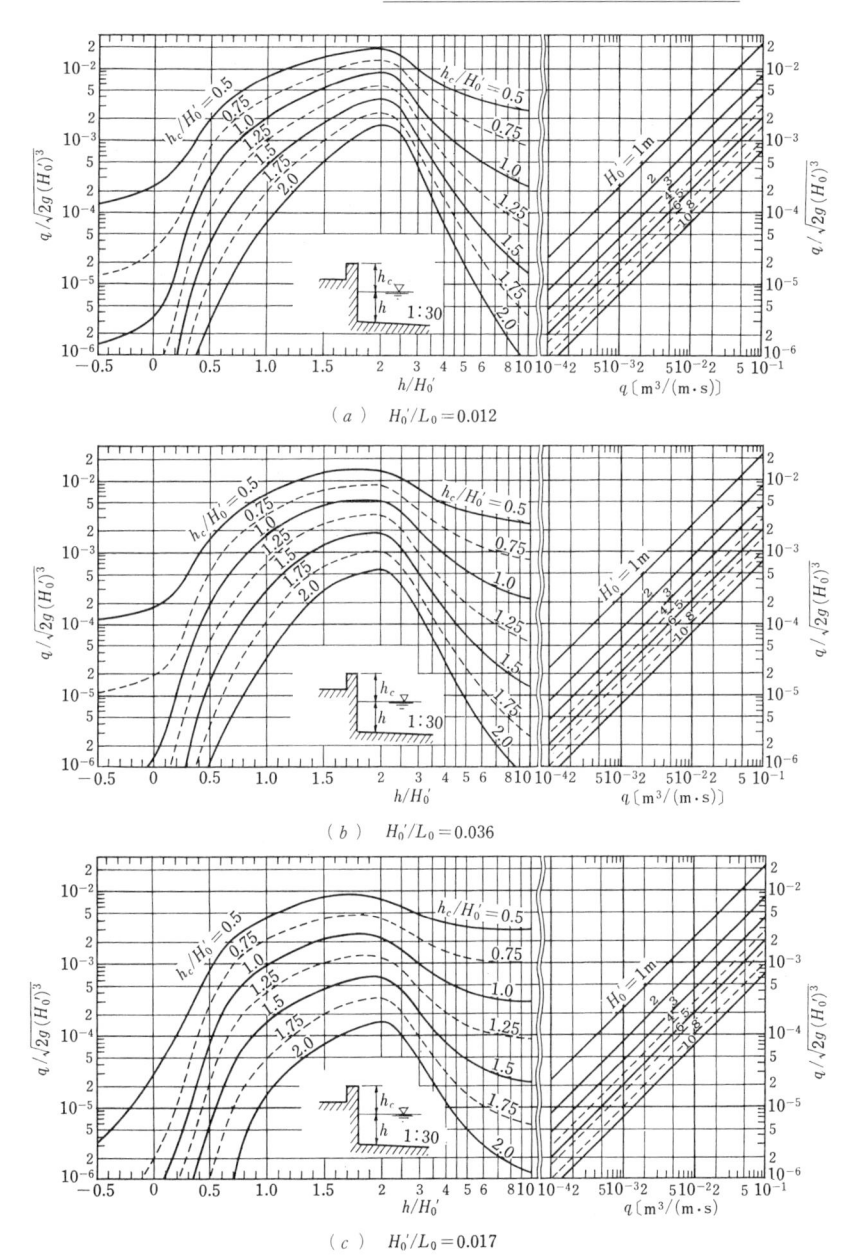

図 5.17 越波量の算定図〔(出典) 土木学会編：水理公式集（昭和60年版），p. 532，土木学会（1985）〕

(a) $H_0'/L_0 = 0.012$

(b) $H_0'/L_0 = 0.036$

(c) $H_0'/L_0 = 0.017$

$$K = \min\left[\left\{1.0 + a\frac{H^*H_0'}{h} + \frac{b}{K_{sb}}\left(\frac{H^*H_0'}{h}\right)^2\right\}, \ C\right] \quad (5.30)$$

ここで，h：静水面から測った直立護岸の堤脚水深，$K_{sb} = H_{1/3}/H_0'$, $\min[A, B]$：A, Bのいずれか小さいほうの値，a, b, cの値は直立護岸のとき，$a = 1$，$b = 0.8$，$C = 10$, 消波ブロック被覆護岸のとき，$a = 0.5$，$b = 0$，$C = 5.0$である．式（5.30）に基づく越波量の算定図を**図 5.17**に示す．平均越波量は不規則波による総越波量を不規則波の作用時間で平均化しているので，短時間的には推定値以上の越波量が予想される．**表 5.6**には，平均越波流量推定値のばらつきの範囲を示している．例えば，$q/\sqrt{2g(H_0')^3}$ の値が 10^{-3} のオーダーのとき，直立護岸においては推定値と実測値との間には0.4〜2倍程度の差がある．

表 5.6 平均越波流量推定値のばらつきの範囲

$q/\sqrt{2g(H_0')^3}$	直 立 護 岸	消 波 護 岸
10^{-2}	0.7〜1.5 倍	0.5〜2 倍
10^{-3}	0.4〜2 倍	0.2〜3 倍
10^{-4}	0.2〜3 倍	0.1〜5 倍
10^{-5}	0.1〜5 倍	0.05〜10 倍

(出典) 土木学会編：水理公式集（平成11年版），p. 528, 土木学会（1999）

〔**2**〕 **許容越波量** 越波を完全に防止することは事実上不可能であるため，ある程度の越波を許容しなければならない．許容量は一般的な基準があるわけではないが，構造物の安全性や背後地の利用状況から決定される．合田[33]は台風による護岸の被災例に基づいて，被災限界の越波量を**表 5.7**にまとめている．

表 5.7 被災限界の越波量

種別	被 覆 工	越波流量〔m³/(m・s)〕
堤 防	天端・裏のり面ともに被覆工なし 天端被覆工あり，裏のり面被覆工なし 三面巻き構造	0.005 以下 0.02 0.05
護 岸	天端被覆工なし 天端被覆工あり	0.05 0.2

(出典) 土木学会編：水理公式（平成11年版），p. 530, 土木学会（1999）

5.7 波の打上げ高さと越波量

さらに近年は親水性護岸の設置により，越波水による人的被害が生じることが予想される。そのために転倒や転落が起きないような適切な許容越波量を設定する必要がある。高橋らは親水性護岸の利用限界波高を越波限界波高として実験により式 (5.31) のように定めている。

$$\left.\begin{aligned}
H_{m0} &= \left(\frac{-1+\sqrt{1+4\alpha_1 h_c/h_m}}{2\alpha_1}\right) h_m \\
h_m &= d, \quad \frac{B_M}{L} \geqq 0.16 \\
h_m &= d + (h-d)\left(\frac{0.16 - B_M/L}{0.05}\right), \quad 0.11 < \frac{B_M}{L} < 0.16 \\
h_m &= h, \quad \frac{B_M}{L} \leqq 0.11
\end{aligned}\right\} \quad (5.31)$$

ここで，H_{m0}：越波発生限界波高，α_1：堤体形状による補正係数であり，通常ケーソン $\alpha_1 = 1.0$，スリットケーソン $\alpha_1 = 0.5$，h：堤体設置水深，d：基礎マウンドの水深，B_M：基礎マウンドの肩幅，L：堤体前面での波長。

コーヒーブレイク

廣井　勇の功績

廣井　勇（ひろい いさみ，1862〜1928）は土佐（現在の高知県）出身で，1881年に札幌農学校（第2期生）を優秀な成績で卒業した後，北海道開拓使御用掛，工部省鉄道局を経て日本鉄道会社に入り，東北線建設にあたった。1883年，欧米に渡って世界の最新土木技術を吸収し，帰国後の1889年には母校札幌農学校教授と北海道庁の技師を兼任，小樽築港事務所の初代所長を務めた。

その著書にわが国の港湾工学を体系づけた「日本築港史」（1927年）があり，小樽築港工事をはじめとして多くの港湾工事に携わったことや，港湾工事の設計の際に用いられる砕波の波圧を求める公式として現在でも使われている廣井公式などから，廣井はわが国の「港湾工学の祖」と呼ばれている。

しかし，彼はその経歴が示すように，港湾工学にとどまらず，日本土木界の先駆的存在であった。特に橋梁学に関する著書「Plate Girder Construction」（1888年）は，アメリカで絶賛された。港湾，河川，鉄道，水力発電，橋梁設計などに大きな功績を残し，土木学会第6代会長などを歴任した。

演 習 問 題

【1】 ある透過性構造部の沖側，岸側において波高を計測したところ，沖側の最大波高 2.1 m，最小波高 0.9 m，岸側の平均波高 0.3 m を得た。この構造物の反射率，透過率，エネルギー損失率を求めよ。

6

漂　砂

　日本の海岸線 35 000 km のうち，砂浜海岸は約 8 000 km で，全体の 23 % に相当する。砂浜海岸の 43 % が侵食されつつあり，過去 70 年間にすでに 120 km² にも及ぶ国土が消失し，海岸線の後退速度は年平均 0.2 m 程度である。また地球温暖化に伴う海面上昇が 1 m 程度とすると，現在の砂浜の 90 % 近くが消失すると推定されている。このように海岸侵食の問題は過去から現在にかけて，海岸工学で扱われている主要な課題であり，今後も検討しつづけなければならない。

6.1 漂砂の基礎

　波や流れによって底質が移動する現象を**漂砂**（sand drift, sediment transport）といい，底質そのものを示すこともある。漂砂に類似して風により底質が移動する現象を**飛砂**（sand storm）という。海岸の底質はその場所にとどまっているのではなく，波や流れの作用によりつねに移動し入れ替わっており，海岸に供給される底質の量と流出される量のバランスが崩れることにより海岸侵食が生じる。図 *6.1* に海岸侵食の発生機構の例を示す。
　河川からの土砂供給で安定していた海浜の場合，流域に建設されたダムへの堆砂(たい)や治水事業に伴う洪水の縮小などにより河川からの土砂供給が減少し，土砂収支のバランスが崩れ，海岸侵食が生じることが多い。また，海岸崖からの土砂を供給源としていた海浜の場合，海岸崖の崩落防止対策の結果，上手側からの土砂供給が減少し海岸が侵食される。
　波や流れにより底質は 3 次元的に移動するが，便宜上汀線に直角の岸沖方向

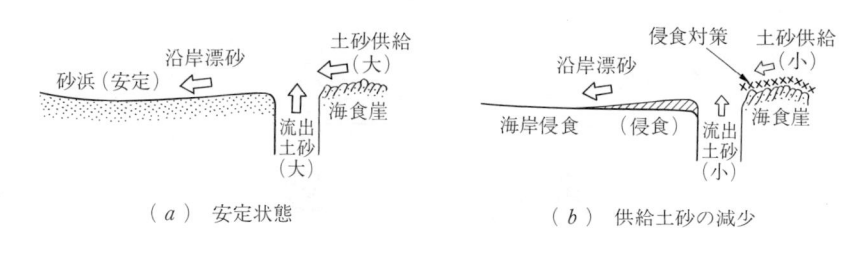

図 6.1 海岸侵食の発生機構の概略図〔(出典) 土木学会編：水理公式集 (平成11年版), p. 513, 土木学会 (1999)〕

と平行の沿岸方向に区分して扱うことが多い。前者は主として波による現象であり，比較的短期間（季節変動以下）の海浜変形に影響を及ぼし**岸沖漂砂** (on-offshore sediment transport)，後者は沿岸流による現象であるため，長期の海浜変化を生じさせる**沿岸漂砂** (longshore sediment transport) と呼ばれる。

6.1.1 底 質 特 性

漂砂に関係する主たる底質特性には，粒径，粒度分布，比重，空げき率，沈降速度がある。粒度分布は一般に粒径加積曲線で表示され，通過重量百分率 50％に対応する**中央粒径** (median diameter) d_{50}，**平均粒径** (mean diameter) d_m，**ふるい分け係数** (sorting coefficient) $S_0 = \sqrt{d_{75}/d_{25}}$，偏わい（歪）度 $S_k = d_{75}d_{25}/d_{50}^2$ がよく用いられている。**図 6.2** に粒径加積曲線の例を示す。

d_{25}, d_{50}, d_{75} は通過重量百分率 25, 50, 75％に対応する粒径である。漂砂の代表粒径としては中央粒径 d_{50} や平均粒径 d_m が用いられる。算定の容易さから中央粒径 d_{50} を用いることが多い。ちなみに $d_{50} > d_m$ となる。S_0 は底質の均一性を示す量であり，値が小さいほど均一性が高く，現地海岸では $S_0 = 1.25$ 程度である。

偏わい度が $S_k \approx 1$ の場合，粒度組成が中央粒径付近に集中し，$S_k > 1$ の場合，粒径加積曲線が d_{50} よりも大きいほうに偏り，$S_k < 1$ の場合，d_{50} よりも小さいほうに偏る。比重は砂の場合，石英が主成分であるために平均 2.65 としてよいが，鉱物組成によっては比重が 3.0 を超えることもある。また，沖

6.1 漂砂の基礎　　127

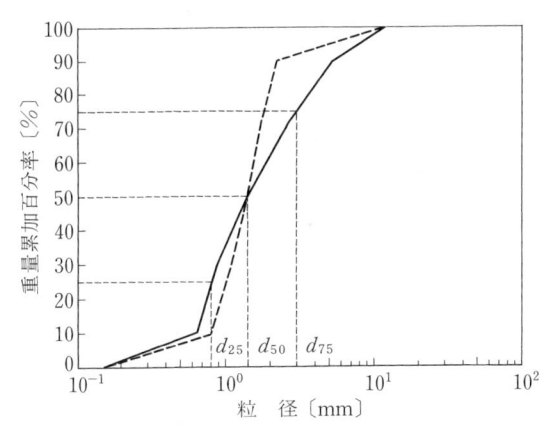

図 **6.2**　粒径加積曲線図

縄の海岸のようにサンゴが含まれる場合，比重は小さくなる．空げき率は中央粒径が小さくなるほど大きくなることが知られており，$d_{50} = 1$ mm のとき 40％，0.1 mm のとき 50％程度となる．

沈降速度は，底質の比重，粒径，形状，水の動粘性係数に関係するが，球として扱えばルビーの式で算定できる．**表 6.1** に比重 2.65，動粘性係数 0.01 cm²/s の条件での沈降速度の概略値を示す．

表 **6.1**　沈降速度の概略値

粒　径〔mm〕	0.06	0.08	0.1	0.2	0.3	0.4	0.6	0.8	1.0	2.0
速　度〔cm/s〕	0.32	0.55	0.84	2.5	4.0	5.2	7.1	8.6	9.8	14.4

6.1.2　岸沖方向と沿岸方向の底質分布

海底の底質は，河川からの土砂や周辺の崖からの崩落土砂が供給源になっていることが多い．供給された土砂は波や流れの作用により淘汰されるため，粒径の分布に幅がみられる．

図 6.3 は底質平均粒径の岸沖分布を示したものである．縦軸は前浜の平均潮位汀線に存在する底質粒径を基準として，他の場所の粒径との比を百分率で表している．図中の数字は，各海岸の基準となる底質粒径を示している．岸沖方向には前浜付近と最終砕波点付近に粒径の大きい底質が集まり，波のふるい

128　6. 漂　　　砂

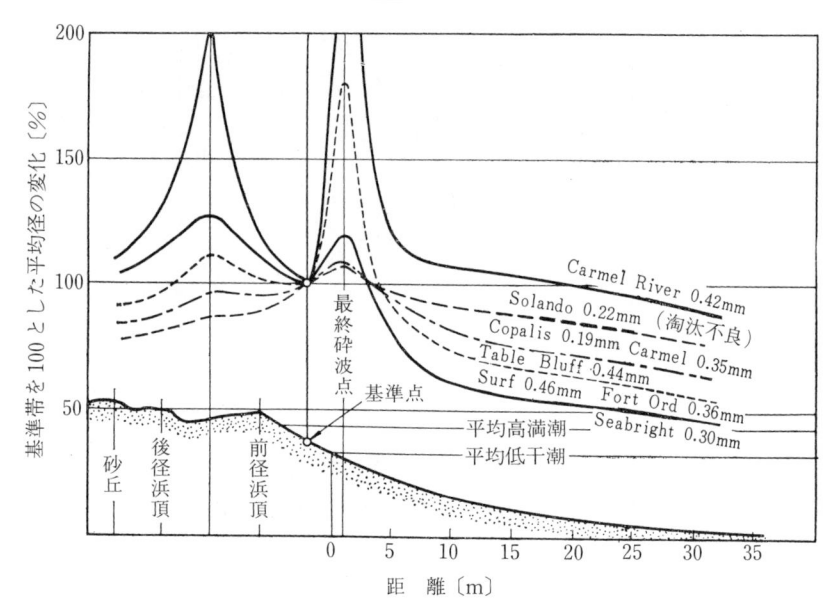

図 6.3 底質平均粒径の岸沖分布図〔(出典) 土木学会編：水理公式集
(昭和46年版)，p. 543, 土木学会 (1971)〕

分け効果が小さい海浜ほどこの地点での粒径が大きくなる。また，粒径の大きい海岸では前浜勾配が急になり，逆に粒径の小さい海岸では前浜勾配は緩やかになる。

　一方，河川の河口や海岸崖などから供給される底質も淘汰作用を受け，粒径の小さい底質ほど浮遊しやすく沿岸流によって運ばれやすいので，供給源に近いところには，粒径の大きいものが残留する。さらに，砂利などは丸みを帯びて偏平化する傾向がある。また，防波堤などの海岸構造物近傍周辺では，波や流れが直接作用する側では乱れの影響が大きいために粒径の大きな底質が存在し，構造物の陰となる側は流れなどが小さくなるために浮遊している底質が沈降し，粒径が小さくなるといった傾向がみられる。

6.2 海浜形状

6.2.1 海浜縦断面形状

海浜は砂などの底質が堆積している海岸線から,波や流れにより底質が移動しはじめる範囲までであり,**図 6.4** に一般的な海浜縦断面形状の名称を示す。 沖浜は海底勾配が緩く波が砕けないところである。外浜は沖浜の陸端から干潮汀線までの間である。前浜は干潮汀線から波が遡上するところまでであり,後浜は前浜の陸端から海岸線までの部分である。

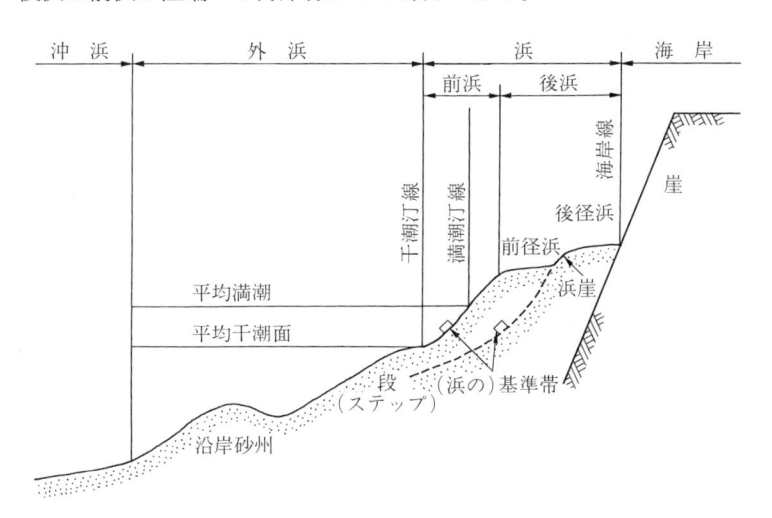

図 6.4 海浜縦断面形状〔(出典) 土木学会編:水理公式集 (平成 11 年版), p. 507, 土木学会(1999)〕

海浜に一定の波高と周期の波が長時間作用すると,海浜縦断面形状の変化が小さくなり平衡状態に達する。これを**平衡断面形状**(equilibrium beach profile)あるいは平衡勾配と呼んでいる。これは,波,底質特性,初期海底勾配によって決定される。**図 6.5** に示すように,海浜の平衡地形は**暴風海浜**(storm beach:冬形海浜)と**正常海浜**(normal beach:夏形海浜)の二つに大別され,前者はバー地形(沿岸砂州)を有し,後者はステップ地形を有する。

130   6. 漂　　砂

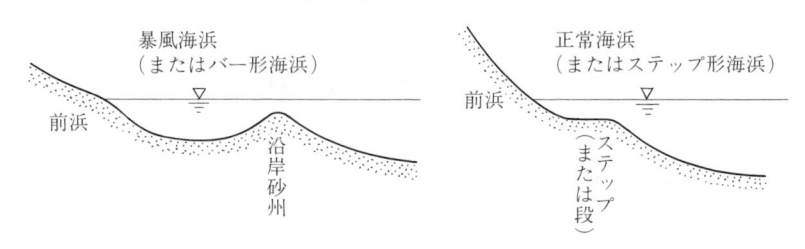

図 6.5　暴風海浜と正常海浜

　模型実験などにより相当沖波波形勾配 $H_0'/L_0 > 0.25 \sim 0.03$〔式(2.71) 参照〕の場合に暴風海浜となることが Johson により示された。その後，実験などを通じて底質の比重や粒径も関与することがわかり，岩垣らにより沿岸砂州の発生限界が図 6.6 に示された。

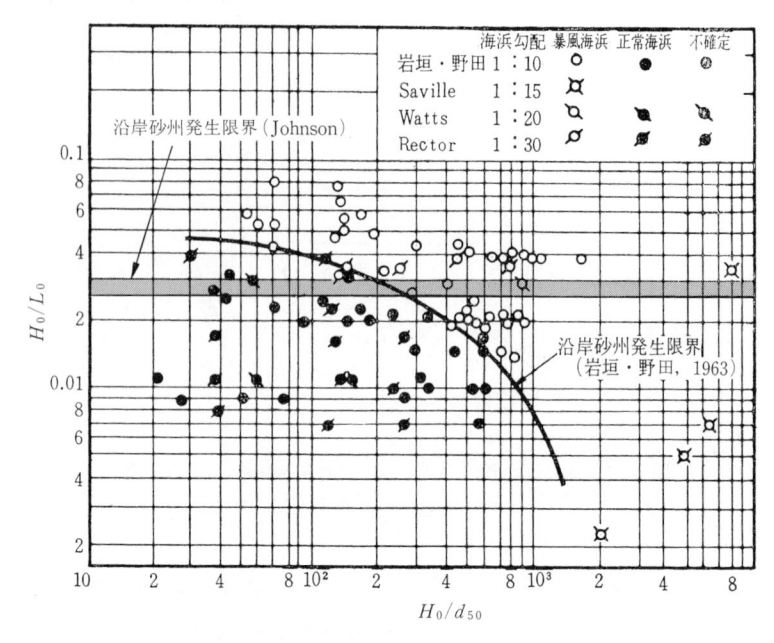

図 6.6　沿岸砂州の発生限界〔(出典)　土木学会編：水理公式集（昭和 46 年版），p. 542, 土木学会 (1971)〕

　砂村らは断面地形の変化で平衡地形の分類を行い，図 6.7 に示すように侵食形（タイプⅠ），中間形（タイプⅡ），堆積形（タイプⅢ）の三つに分類し

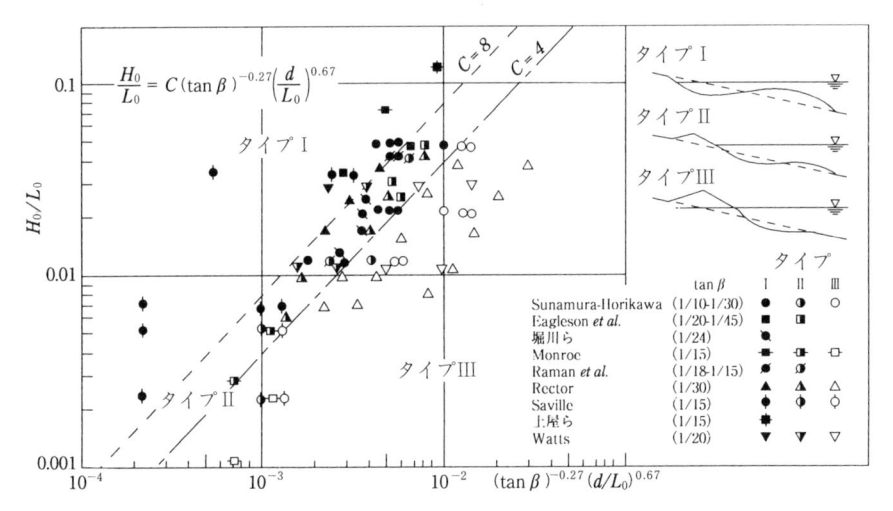

図 6.7 平衡断面地形の分類〔(出典) 土木学会編：水理公式集（平成11年版），p. 508，土木学会（1999）〕

た。この三つの海浜地形は式 (6.1) の無次元係数 C によって区分できる。その C の値を**表 6.2** に示す。

$$\frac{H_0}{L_0} = C(\tan\beta)^{-0.27}\left(\frac{d}{L_0}\right)^{0.67} \tag{6.1}$$

ここに，H_0/L_0：沖波の波形勾配，$\tan\beta$：初期の海底勾配，d：底質の中央粒径である。タイプ I では汀線が後退し，砂州が沖側に形成される。タイプ II では汀線はほとんど変化しないが，汀線付近や沖側に堆積する。タイプ III では汀線が前進する。タイプ I とタイプ II では共に沿岸砂州が形成されているが汀線の前進と後退は一致していない。

表 6.2 無次元係数と平衡断面地形の関係

タイプ	室　内	現　地
I	$C > 8$	$C > 18$
II	$8 > C > 4$	$18 > C > 9$
III	$4 > C$	$9 > C$

（出典）服部昌太郎：海岸工学，p. 127，コロナ社（1987）

沖波波形勾配が大きいときには，侵食地形が形成されやすく，海底勾配が緩い場合には堆積地形となりやすい。現地海浜において平衡地形が存在するかに

ついては議論のあるところであるが，海浜地形の変化を説明するには有効な考え方である．

6.2.2 海浜平面地形

図 6.8 に砂浜海岸の平面形状を模式的に示す．代表的な地形を以下に説明する．

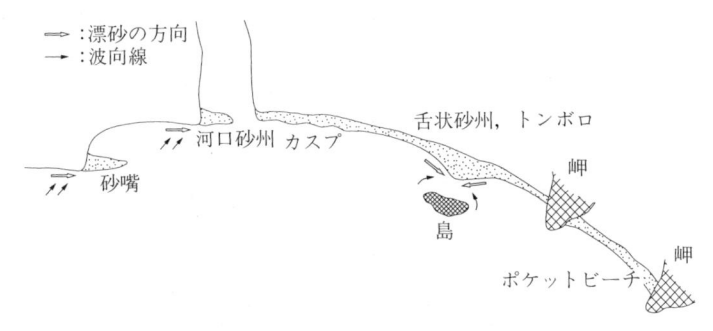

図 6.8 砂浜海岸の平面形状〔(出典) 土木学会編：水理公式集（平成 11 年版），p. 509，土木学会（1999）〕

1) 砂　嘴　海岸線の方向が陸側に向かっているところで漂砂の方向が一定であるとき，砂州の先端が伸びた砂嘴（sand spit）が形成される．弓ヶ浜（鳥取県），天の橋立（京都府）はこの例であり，図 6.9 に示す．

図 6.9　砂嘴の例

2) トンボロ　島や離岸堤の背後に回り込んだ波により，底質がそれらの背後に運ばれ堆積し形成された舌状砂州をトンボロ（tombolo）という（図 **6.10**）。島とつながった例としては，江の島（神奈川県）がある。

図 6.10 離岸堤前面のトンボロ

3) カスプ　汀線形状が波状にリズミックに連なった地形をカスプ（cusp）という。カスプの波長が数 m～数十 m のものをビーチカスプ，数十 m～数百 m のものをメガカスプ，それ以上をジャイアントカスプという。

4) ポケットビーチ　両端を岬で囲まれた砂浜で凹状の安定した海浜をポケットビーチ（pocket beach）という。

6.3　底質の移動機構

6.3.1　岸沖方向の移動

図 **6.11** は，岸から沖にかけての各水深における底質の移動形態の模式図である。波が深海域から浅海域に伝播してくると，水深の減少により底面流速や底面せん断力が増大し底質の移動が始まる。これを移動限界といい，このときの水深を**移動限界水深**（critical depth）という（①）。さらに移動限界を超

134   6. 漂　　　　砂

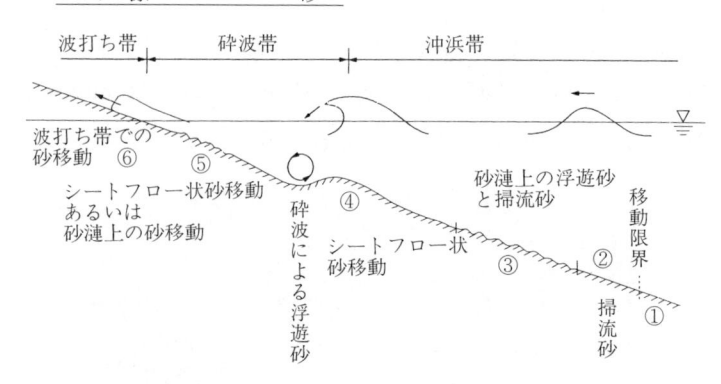

図 6.11 底面近傍での底質の岸沖方向の移動形態(一部加筆)〔(出典)　土木学会編：水理公式集(平成11年版), p. 511, 土木学会(1999)〕

えたせん断力が底面に作用すると底質が掃流状態で岸側に運ばれる (②)。波が岸側に進行すると，せん断力が増加し底面に凹凸が生じ，波状の地形である**砂漣**(れん)(sand ripple)が形成され，**掃流砂**(bed load)や**浮遊砂**(suspended sediment)として底質が移動する (③)。波が砕波点に接近するにつれて，せん断力が増加し砂漣は消滅する。そして層状に底質が移動しはじめる状態となり，これを**シートフロー**(sheet flow)と呼ぶ (④)。その後，波が砕波点を通過して砕けはじめると，水面からの乱れの影響により底質が巻き上げられた状態で移動する (⑤)。砕波後の波は斜面を遡上し，シートフロー状態で底質を波の進行方向に対してやや斜めに移動させる (⑥)。

6.3.2　移動限界水深

　底質が波の影響を受ける水深は 100 m 程度にも及ぶことがあるが，工学的に重要な水深は，構造物などの設計に関与する 10 m 程度の水深である。底質が移動を開始する沖側の地点である移動限界水深は，室内実験や現地観測から式 (6.2) で与えられる。移動限界水深は，波による底質の移動状態によってつぎのように定義されている。

　1) **初期移動**(initial movement)　　海底面の底質のいくつかが移動しはじめる状態

2） 全面移動（general movement）　海底面の表層粒子がほとんど移動しはじめる状態（砂漣の形成限界に近い）
3） 表層移動（surface layer movement）　海底の表層が集団で同時に掃流状態で移動する状態
4） 完全移動（complete movement）　水深の変化が明確になるほど底質が移動する状態

$$\left(\frac{H}{H_0}\right)^{-1} \sinh\left(\frac{2\pi h_i}{L}\right) = \alpha \left(\frac{H_0}{L_0}\right) \left(\frac{L_0}{d}\right)^n \tag{6.2}$$

ここで，H_0：沖波波高，L_0：沖波波長，d：底質粒径，h_i：移動限界水深，H, L：水深 h_0 における波高，波長，α, n：実験定数であり，その値は上記 1）〜4）の底質の移動状態によって異なる．α, n の値を**表 6.3** に示す．これらの算定式中の係数や指数が異なる要因として，移動限界の判定基準が異なることや限定された条件下でのデータを用いた整理による．そのなかで佐藤・田中により提案されている α, n の値は現地観測結果によるものであり，よく用いられている．

表 6.3 式 (6.2) の α と n の値

移動形式	提案者	α	n
初期移動限界	石原・椹木	5.85	1/4
全面移動限界	佐藤・田中	1.77	1/3
表層移動限界	佐藤・田中	0.741	1/3
完全移動限界	佐藤	0.417	1/3

（出典）　土木学会編：水理公式集（平成 11 年版），p. 514，土木学会（1999）

また，定常流場での底質に作用する抗力と重力のつりあい条件から得られる移動限界シールズ数 φ_c を用いて，底質の初期移動限界を表示することができる．ちなみに底面が滑面の場合 $\varphi_c = 0.07$，粗面の場合 $\varphi_c = 0.05$ 程度である．ここで，$\varphi_c = \tau_{bc}/(s-1)gd$：無次元せん断応力に相当し，$\tau_{bc}$：移動限界せん断応力，$s$：水中比重，$g$：重力加速度，$d$：底質粒径である．

例題 6.1 1/20 の一様な海底勾配を有する海岸に沖波波高 $H_0 = 2.5$ m，周期 $T = 5$ s の波が汀線に対して，直角に入射している海岸がある。その海岸の底質の粒径が 0.8 mm のとき，完全移動および表層移動となる水深およびそのときの波高を算定せよ。

【**解答**】 沖波波長 $L_0 = 1.56T^2 = 39$ m，完全移動の条件より式（6.2）および**表 6.3** の佐藤・田中の条件を適用すると

$$\left(\frac{H}{H_0}\right) = \frac{1}{0.417}\left(\frac{L_0}{L_0}\right)\left(\frac{d}{L_0}\right)^{1/3}\sinh\left(\frac{2\pi h_i}{L}\right) = 1.024\,1\sinh\left(\frac{2\pi h_i}{L}\right)$$

となる。上式の右辺は浅水係数を表しているので，式（2.52）に等しいとおくことにより

$$K_s = \frac{H}{H_0} = \left\{\left(1 + \frac{2kh_i}{\sinh 2kh_i}\right)\tanh kh_i\right\}^{-1/2} = 1.024\,1\sinh(kh_i)$$

となる。上式を満足する kh_i を繰り返し計算で求めると，$kh_i = 0.824$ となる。ここで $k = 2\pi/L$ である。この水深での波長は $L = L_0\tanh kh_i$ より $L = 26.41$ m となる。したがって，完全移動限界水深は $kh_i = 2\pi h_i/L = 0.824$ より，$h_i = 3.46$ m となる。そのときの波高は $H = H_0 K_s = 2.36$ m となる。

表層移動も同様な計算を行うと，$kh_i = 1.237$ より $h_i = 6.49$ m，$H = 2.28$ m となる。　　　　　　　　　　　　　　　　　　　　　　　　　　◇

6.3.3 浮遊移動

波や流れによって底質は，前述した岸沖移動形態で底面に沿って移動するほかに，乱れによって浮遊して移動する。乱れの発生要因は，砂漣上の渦や砕波による渦などがあり一律ではない。現地での乱れはきわめて大きいため，浮遊される砂粒子も多量になるので浮遊機構による浮遊砂が重要となる。浮遊移動の基本的な考え方を 2 次元の場で述べる。

水中における単位体積中の浮遊砂濃度 c，その点の x 軸方向速度 u，乱れ速度 u' とすると，単位時間，単位面積を通過する浮遊砂量 q_x は

$$q_x = (u + u')c = uc - \varepsilon_x \frac{\partial c}{\partial x} \tag{6.3}$$

となり，ここで x：水平方向，ε_x：水平方向の拡散係数である。右辺の第 1 項

は流れによる輸送量，第2項は乱れによる輸送量である．第2項に負の記号が付いているのは，浮遊砂は濃度の高いほうから低いほうに輸送されるためである．z 軸を鉛直方向にとり，その点の z 軸方向速度を w とすれば，同様に輸送される浮遊砂量 q_z は式 (6.4) となる．

$$q_z = (w - w_s)c - \varepsilon_z \frac{\partial c}{\partial z} \qquad (6.4)$$

ここで，w_s：浮遊砂の沈降速度，ε_z：鉛直方向の拡散係数である．

式 (6.3)，(6.4) で浮遊砂量を算定するためには，浮遊砂濃度を求める必要がある．そのために図 **6.12** に示すように，$dx\,dz$ の微小面内に単位時間当り出入りする x 軸方向および z 軸方向の浮遊砂の変化量を考える．

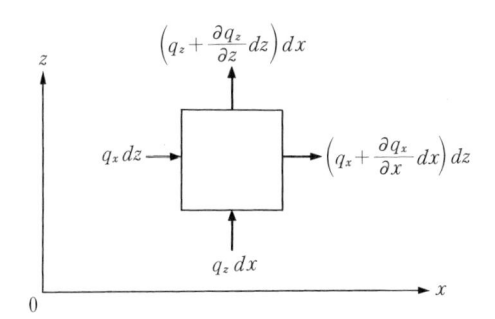

図 **6.12** 浮遊砂量のつりあい

$$\begin{aligned} q_x dz - \left(q_x + \frac{\partial q_x}{\partial x} dx\right) dz &= -\frac{\partial}{\partial x}\left(uc - \varepsilon_x \frac{\partial c}{\partial x}\right) dxdz \\ q_z dx - \left(q_z + \frac{\partial q_z}{\partial z} dz\right) dx &= -\frac{\partial}{\partial z}\left((w - w_s)c - \varepsilon_z \frac{\partial c}{\partial z}\right) dxdz \end{aligned}$$
$$(6.5)$$

となり，これらの変化量の総和が微小面内の単位時間の浮遊砂量の変化 ($\partial c/\partial t)dxdz$ に等しくなるので，式 (6.6) が得られる．

$$\frac{\partial c}{\partial t} + \frac{\partial}{\partial x}(uc) + \frac{\partial}{\partial z}(wc) = \frac{\partial}{\partial x}\left(\varepsilon_x \frac{\partial c}{\partial x}\right) + \frac{\partial}{\partial z}\left(\varepsilon_z \frac{\partial c}{\partial z}\right) + w_s \frac{\partial c}{\partial z}$$
$$(6.6)$$

6. 漂砂

同じ特性の波が長時間作用して濃度が定常化した場合，波一周期当りの平均濃度 $\bar{c}$ は，式 (6.6) の左辺の各項を 0 と考え，また右辺の $\partial c/\partial x$ も $\partial c/\partial z$ と比較して小さいと仮定できるので，式 (6.6) は式 (6.7) となる．

$$\frac{\partial}{\partial z}\left(\varepsilon_z \frac{\partial \bar{c}}{\partial z}\right) + w_s \frac{\partial \bar{c}}{\partial z} = 0 \tag{6.7}$$

水面での平均濃度と濃度勾配を $\bar{c} = 0, d\bar{c}/dz = 0$ と仮定し積分すれば

$$\varepsilon_z \frac{\partial \bar{c}}{\partial z} + w_s \bar{c} = 0 \tag{6.8}$$

となる．鉛直方向の拡散係数 ε_z を一定とし，底面のある基準高さ $z = a$，平均濃度 $\bar{c} = \bar{c}_a$ とすると

$$\frac{\bar{c}}{\bar{c}_a} = \exp\left\{-\frac{w_s}{\varepsilon_z}(z - a)\right\} \tag{6.9}$$

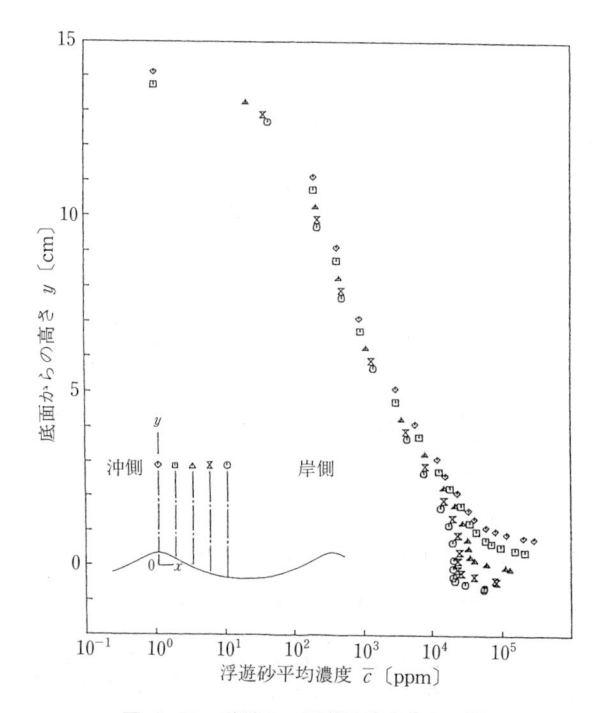

図 6.13 砂漣上の浮遊砂濃度分布の例

となり，浮遊砂濃度分布が求まる．式（6.9）は浮遊砂濃度が水面から底面に向かって指数関数的に増大することを意味している．この傾向は，図 **6.13** の砂漣上での浮遊砂濃度の測定結果と同じである．

6.4 漂砂量の算定法

6.4.1 岸沖漂砂量（局所漂砂量）

海浜断面形状の変化を予測するためには，任意の地点の局所漂砂量を評価する必要があり，波や流れによる漂砂量に分けることができる．これらの漂砂量の算定式は，底面せん断力やシールズ数と関係付けられている．しかしながら，漂砂量公式として確立されたものがないが，例として式（6.10）に渡辺の式を示す．

$$\phi = 7(\varphi - \varphi_c)\varphi^{1/2} \qquad (6.10)$$

ここで，ϕ：正味の無次元漂砂量，φ：シールズ数，φ_c：移動限界シールズ数であり，式（6.11）で与えられる．なお，正味とは岸側と沖側に移動する漂砂量の差の結果として生じる移動量を意味する．

$$\phi = \frac{q}{w_s d}, \qquad \varphi = \frac{f_w u_b^2}{2sdg} \qquad (6.11)$$

ここで，q：正味の漂砂量，w_s：沈降速度，d：底質の粒径，f_w：底面摩擦係数，u_b：底面の流速振幅，g：重力加速度である．シールズ数が 0.5〜1.0 を超えると，底質の移動形態はシートフロー状態になる．

6.4.2 沿岸漂砂量

海岸線に沿って輸送される漂砂量が**沿岸漂砂量**（longshore sediment transport rate）であり沿岸流の影響を著しく受けている．この沿岸漂砂量 Q_x を沿岸流と直接結び付けることは難しいため，通常は，砕波帯におけるエネルギーフラックスの沿岸方向成分 P_l に関係しているとの仮定に基づいて，式（6.12）で与えている．

140   6. 漂砂

$$Q_x = \alpha P_l^n \tag{6.12}$$

実験や現地観測の結果から，式 (6.12) の α と n は**表 6.4** に示すように提案者によって異なる。n の値がおよそ 1 であることは，海岸ごとの波浪条件には沿岸漂砂量が依存しないことを示している。また，α が異なる理由は海底勾配や底質特性の差による。

表 6.4 式 (6.12) の各 α と n の値

研究者	α	n	公式の算出条件
Savage (1959)	0.217	1	種々の現地および実験結果をまとめたもの
井島・佐藤・青野・石井 (1960)	0.130	0.54	渥美半島福江海岸（底質粒径 1〜2 mm，波高 1 m 以下，周期 2〜4 秒，漂砂は水深 2 m 以浅の領域で顕著）
井島・佐藤・田中 (1964)	0.060	1	鹿島海岸（砕波帯内の底質粒径 0.15〜0.2 mm，波高は 4 m 以下）
佐藤・田中 (1966)	0.120	1	漂砂量が過小に算定されるため上式の係数を 2 倍にしたもの

(出典)　服部昌太郎：海岸工学，p. 146，コロナ社（1987）

式 (6.12) の左辺の次元は（体積/時間），右辺の次元は（力/時間）のように両者の次元が一致しないので，沿岸漂砂量 Q_x を水中重量 I_l で定義し，式 (6.12) を書き改めると式 (6.13) となる。この式は CERC 公式と呼ばれている。

$$I_l = KP_l \tag{6.13}$$

ここで，$I_l = (\rho_s - \rho)ga'Q_x$：水中重量の沿岸漂砂量，$\rho_s$，$\rho_0$：底質，海水の密度，$a'$：底質の間げきの割合で約 0.6，$K$：無次元係数である。また，$P_l$ は式 (6.14) で与えられる。

$$P_l = \frac{1}{8} \rho_0 g H_b^2 C_{gb} \sin \theta_b \cos \theta_b \tag{6.14}$$

ここで，H_b：砕波波高，C_{gb}：砕波点における群速度，θ_b：砕波点における波向である。K の値は CERC 公式では 0.39 であるが，実験や現地観測によって与えられているために一定値に定まっていない。

式 (6.13) を用いて沿岸漂砂量を求めるときは，砕波水深 h_b およびそこ

での波高 H_b, 周期 T, 波の入射角 θ_b が必要となる。しかしながら、現地では砕波点より沖側水深 h での沖波波高 H_0, 周期 T, 入射角 α_0 が得られている場合が多い。そのために 2 章での砕波指標などを活用して、砕波水深 h_b を求め屈折係数および浅水係数を考慮して、その地点での波高を求める必要がある。

6.4.3 波エネルギーフラックスの沿岸方向成分

前述のように沿岸漂砂量の算定には、波エネルギーフラックスの算定が必要である。図 **6.14** に示すように沖側点 A における単位時間、単位波峰当り輸送されるエネルギー束 $P_a = (EC_g)_a$, 砕波点近くの点 B におけるそれを $P_b = (EC_g)_b$ とする。エネルギー束の保存 $b_a P_a = b_b P_b$ より

$$P_b = \frac{b_a}{b_b} P_a = K_r^2 P_a \qquad (6.15)$$

となる。ここで、b_a, b_b：点 A, B における波向線間隔, K_r：屈折率である。点 B でのエネルギー束の沿岸方向成分は $b_b P_b \sin \theta_b$ であり、波向線間隔 b_b に対する海岸線幅は $b_b / \cos \theta_b$ であるために、単位海岸線幅について記述すると式 (6.16) になる。

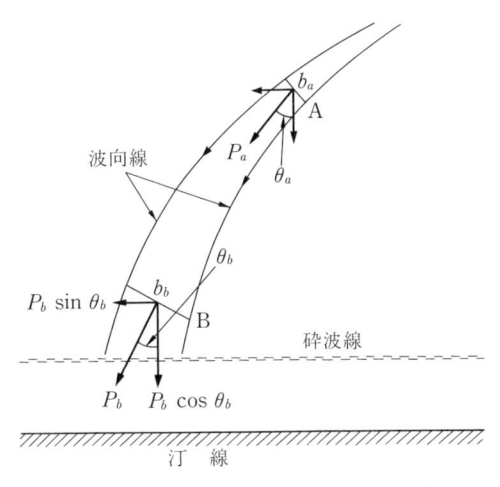

図 **6.14** 波エネルギーフラックスのつりあい

$$P_l = \frac{b_b P_b \sin\theta_b}{b_b/\cos\theta_b} = P_b \sin\theta_b \cos\theta_b \qquad (6.16)$$

したがって，式 (6.15) と式 (6.16) より式 (6.17) となる．

$$P_l = K_r^2 P_a \sin\theta_b \cos\theta_b = K_r^2 \left(\frac{1}{8}\rho_0 g H^2 Cn\right)\sin\theta_b \cos\theta_b \qquad (6.17)$$

点 A を沖波領域にとれば，式 (6.17) の C および n は，それぞれ $C = L_0/T$, $n = 1/2$ となるので，P_a は

$$P_a = \frac{1}{16}\rho_0 g H_0^2 \frac{L_0}{T} \qquad (6.18)$$

となる．

6.5 沿 岸 流

図 6.15 は沿岸近くの流れを模式的に描いたものであり，海浜流には波による質量輸送流，沿岸流，離岸流がある．前述の沿岸漂砂には，沿岸流が重要な役割を果たしている．

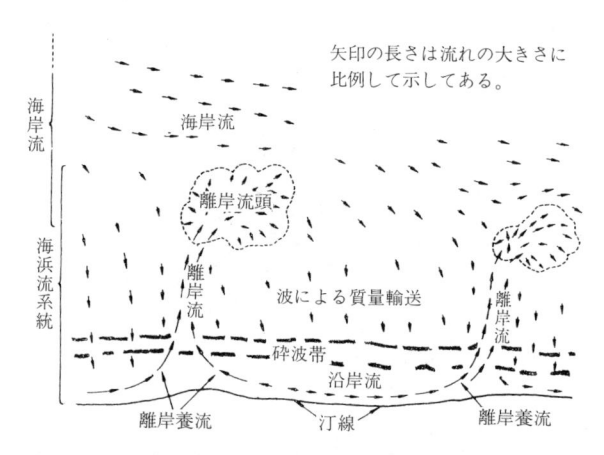

図 6.15 沿岸付近の流れの模式図〔(出典) 土木学会編：水理公式集(昭和 46 年版)，p. 544, 土木学会(1971)〕

図 **6.16** に示すように波が汀線に対して角 a_b で砕波するとし，波峰線，波向線，汀線に囲まれた領域 ABCD における輸送エネルギーのつりあいを考える．簡単のために領域 ABCD の沿岸流は一定であると仮定する．

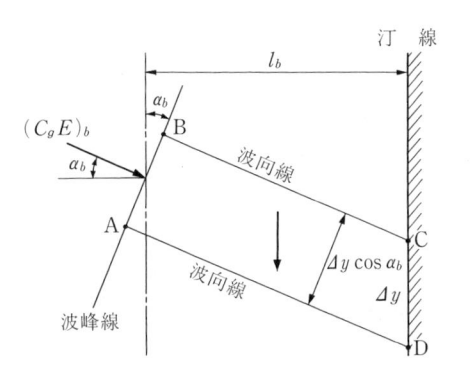

図 **6.16** 沿岸流算定図

波峰線 AB から輸送される波のエネルギーで，沿岸流の発生に起因する部分は，汀線に平行な成分であるので次式で与えられる．

$$(C_g E)_b \, \Delta y \cos a_b \sin a_b$$

ここで，添え字 b は砕波点での値を意味している．このエネルギーが沿岸流と波による流れによる底面摩擦を介したエネルギー損失と平衡していると考える．一周期平均されたエネルギー損失は，u_m：水粒子速度の振幅，f：摩擦係数，v：沿岸流速とすれば，次式のようになる．

$$\frac{1}{2} f \rho_0 u_m^2 v$$

領域 ABCD 全体を考慮すれば

$$(C_g E)_b \, \Delta y \cos a_b \sin a_b = \frac{1}{2} f \rho_0 u_m^2 v l_b \, \Delta y \tag{6.19}$$

砕波点では長波近似が成立するとすれば，以下のようにおける．

$$C_{gb} = \sqrt{gh_b}, \quad E_b = \frac{1}{2} \rho g a_b^2$$

砕波波高と砕波水深の関係 $H_b = 0.8\, h_b$，水粒子速度 $u_m = 0.4\sqrt{gh_b}$，$l_b = h_b/i$（i：海底勾配）の関係を式（6.19）に代入すると

$$v = \frac{i}{f}\sqrt{gh_b}\cos\alpha_b \sin\alpha_b \tag{6.20}$$

となる。コマーはこれまでの現地観測結果や実験結果を整理して，砕波点での底面流速振幅 u_b を用いて，平均沿岸流速 v として式（6.21）を提案している。

$$v = 2.7 u_b \cos\alpha_b \sin\alpha_b \tag{6.21}$$

6.6　海浜変形モデル

6.6.1　変形機構

波や流れによって底質が輸送されると海底地形や海浜形状が変化する。図 **6.17** に示すように，海岸と直角方向に x 軸，海岸と平行に y 軸，そして鉛直上向きに z 軸をとる。

図の q_x および q_y は，前述した岸沖漂砂と沿岸漂砂の体積漂砂量である。図中の底面積 $\Delta x \Delta y$，水深 h の角柱に単位時間当り流出入する正味の漂砂量は

$$\frac{\partial q_x}{\partial x}(\Delta x \Delta y) + \frac{\partial q_y}{\partial y}(\Delta x \Delta y)$$

であり，この漂砂量に相当する海底面の変化は

$$\frac{\partial h}{\partial t}(1-\lambda)(\Delta x \Delta y)$$

となる。ここで，λ は空げき率である。移動した漂砂量の保存則より，水深変化に伴う海浜地形変化と漂砂量との間には式（6.22）が成り立つ。

$$\frac{\partial h}{\partial t} = \frac{1}{1-\lambda}\left(\frac{\partial q_x}{\partial x} + \frac{\partial q_y}{\partial y}\right) \tag{6.22}$$

となる。式（6.22）が海浜変形を数値的に検討する際の基礎式である。

6.6 海浜変形モデル　　145

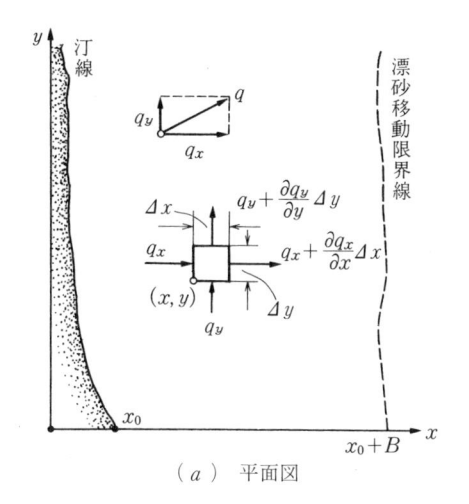

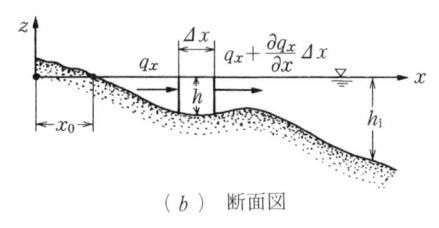

図 **6.17**　漂砂移動と海底地形変化〔(出典)　酒井哲郎：海岸工学入門, p. 72, 森北出版 (2001)〕

波一周期間の正味の移動量が地形変化を生じさせるので，式 (6.22) の左辺の水深変化速度は瞬間値のものでなく，波の周期を時間尺度にとる．

6.6.2　岸沖方向

式 (6.22) において $q_y = 0$ とおけば，岸沖方向の漂砂による海浜変形を扱うことができ，図 **6.17** で示した海底地形の形成機構を説明することができる．

$$\frac{\partial h}{\partial t} = \frac{1}{1-\lambda}\frac{\partial q_x}{\partial x} \tag{6.23}$$

式 (6.23) より，$\partial q_x/\partial x > 0$ のとき (漂砂が x 方向に増加) $\partial h/\partial t > 0$ となり，海底面が低下し (水深が増加)，逆に $\partial q_x/\partial x < 0$ のとき (漂砂が x 方向に減少) $\partial h/\partial t < 0$ より，海底面が増加する．漂砂量の分布と海浜変形の定

146   6. 漂　　　　砂

性的な関係を図 **6.18** に模式的に示す。図中の矢印が砂粒子の移動方向を示しており，$\partial q_x/\partial x = 0$ では岸向きと沖向きに同量の砂粒子が一周期間に移動するために正味の漂砂量がない。したがって，$\partial h/\partial t = 0$ となり水深は変化しない。

　図(a)のように沖向き漂砂が卓越する場合，最大漂砂量となる点の岸側では $\partial q_x/\partial x > 0$ のため $\partial h/\partial t > 0$ となり，水深が時間経過とともに増加し，最大

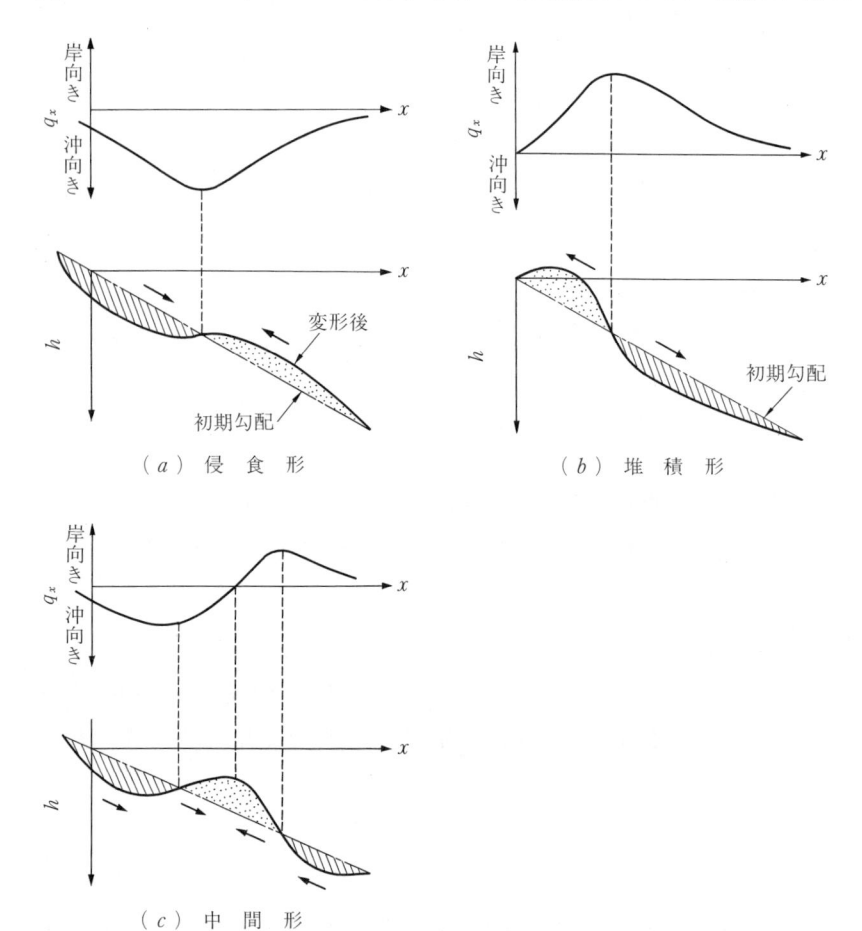

（a）侵　食　形

（b）堆　積　形

（c）中　間　形

図 **6.18**　岸沖方向の漂砂量と地形変化〔(出典)　岩垣雄一，椹木　亨：海岸工学，p. 356，共立出版 (1979)〕

漂砂量となる地点では $\partial q_x/\partial x = 0$ のために水深の変化はない．この地点よりさらに沖側では $\partial q_x/\partial x < 0$ のため $\partial h/\partial t < 0$ となり水深が減少し，侵食形地形となる．岸向き漂砂が卓越すると汀線が前進する堆積形地形，両者が存在すると沿岸砂州（バー地形）を有する中間形地形となる．

6.6.3 沿岸方向

長期的な海浜変形を予測する際には，沿岸方向の沿岸漂砂が卓越するために，式 (6.22) で $q_x = 0$ として式を簡略化して扱うと

$$\frac{\partial h}{\partial t} = \frac{1}{1-\lambda} \frac{\partial q_y}{\partial y} \tag{6.24}$$

となる．$q_x = 0$ として扱うことは，縦断面地形が平衡状態であることに相当している．沿岸漂砂による海浜変形では，汀線の位置が重要になるために実務的には，式 (6.24) を汀線変化式にして扱う．

$$\frac{\partial x_0}{\partial t} = -\frac{1}{(1-\lambda)h_i} \frac{\partial q_y}{\partial y} \tag{6.25}$$

ここで，x_0：汀線位置の岸沖方向座標，h_i：漂砂の移動限界水深である．図 6.19 は，汀線に平行に離岸堤を設置した場合の汀線の変化を示しており，式

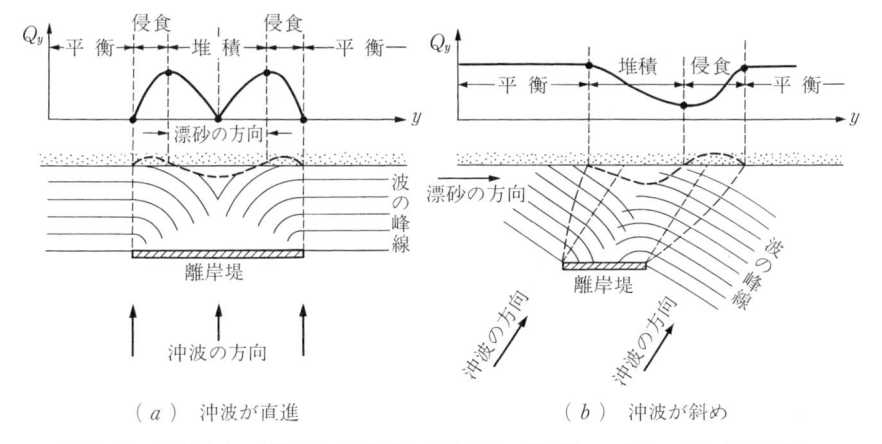

(a) 沖波が直進　　　　　　　　(b) 沖波が斜め

図 6.19 沿岸方向の漂砂量と地形変化〔(出典) 岩垣雄一，椹木 亨：海岸工学，p. 361，共立出版 (1979)〕

(6.25) で現象を説明することができる．$\partial q_y/\partial y$ と $\partial x_0/\partial t$ は符号が反対なので，漂砂の移動方向に沿岸漂砂量が増加すれば，x_0 は減少し（汀線は後退），逆に漂砂の移動方向に減少すれば，x_0 は増加（汀線は前進）する．

6.7 飛　　　砂

飛砂とは，汀線より岸側の砂が風により内陸部に輸送される現象をいい，**砂丘** (sand dune) を形成し，かつては集落を飲み込んでしまう砂津波といった現象の主要因でもあった．また近年は，港湾の埋没，沿岸道路のスリップ事故などの原因にもなっている．飛砂現象は広義の解釈により漂砂の一つとみなすことがある．しかし，砂粒子と空気の密度が大きく異なるために浮遊状態での移動は少なく，この点が波による漂砂とは異なる．砂丘の例を**図 6.20** に示す．

図 6.20 砂丘の例

漂砂の移動限界と同様に飛砂の移動限界摩擦速度 U_{*c} は式 (6.26) で表示される．

$$U_{*c} = A\sqrt{\frac{\sigma - \rho_a}{\rho_a} gd} \tag{6.26}$$

ここで，σ, ρ_a：砂，空気の密度，d：砂の粒径，A：定数で $U_* d/v > 3.5$ のとき $A = 0.1$ である。

移動中の摩擦速度 U_* と底面からの高さ z での風速 U_z との関係は，式 (6.27) のようになる。

$$U_z = 5.75 U_* \log_{10} \frac{z}{z'} + U' \tag{6.27}$$

ここで，z', U'：焦点といい，ジングにより式 (6.28) のように与えられる。

$$z' = 10d, \quad U' = 8.8 \times 10^2 d \tag{6.28}$$

式 (6.28) において，d は mm 単位，U' は cm/s である。

単位幅，単位時間当りに任意の断面を通過する飛砂量 q は，摩擦速度との関係より式 (6.29) で与えられる。

$$q = c\sqrt{\frac{d}{D}} \ \frac{\rho_a}{\rho_s g} U_*^3 \tag{6.29}$$

ここで，c：定数で砂の状態により変化する値（1.5〜2.8），D：標準粒径で 0.25 mm である。

例題 6.2 砂の粒径が 0.25 mm，地表上 5 m での高さの風速が 4 m/s と 12 m/s の場合の単位幅，単位時間当りの飛砂量を求めよ。

【解答】 飛砂の移動限界摩擦速度を式 (6.26) より算定する。定数 A は通常の海浜での粒径 0.1〜2.0 mm で粒径のそろっている砂に対しては，$A = 0.1$ としてよいので

$$U_{*c} = 0.1\sqrt{\left(\frac{2\,650}{1.226} - 1\right) \times 9.8 \times 0.000\,25} = 0.23 \ [\text{m/s}]$$

となり，摩擦速度を式 (6.27)，(6.28) より算定すると

$$z' = 10 \times 0.25 = 2.5 \ [\text{mm}], \quad U' = 8.8 \times 10^2 \times 0.002\,5 = 2.2 \ [\text{m/s}]$$

より

$$U_{500} = 5.75 U_* \log_{10} \frac{500}{0.0025} + 2.2 \quad \therefore \quad U_* = 0.0328 U_{500} - 0.0722$$

上式において各風速での摩擦速度は

風速 4 m/s の場合

$$\therefore \quad U_* = 0.0328 \times 4 - 0.0722 = 0.059 \, [\text{m/s}]$$

風速 12 m/s の場合

$$\therefore \quad U_* = 0.0328 \times 12 - 0.722 = 0.321 \, [\text{m/s}]$$

以上より，風速 4 m/s では，飛砂は発生していないことになり，風速 12 m/s では

■コーヒーブレイク■

鳴き砂海岸

砂浜海岸のなかで音を発する鳴き砂海岸が存在する。英語では"singing sand"，"musical sand"，"blooming sand" などと称され，海外では砂漠においてもみられる。日本では日本海側や東北地方の太平洋側にみられ，京都府丹後半島の琴引浜（図），島根県琴ヶ浜などが知られている。

図 琴引浜

鳴き砂には石英成分が多量に含まれていることが多く，海岸環境の微妙なバランスのもとで音声を発するために，水質や海浜地形の変化にも敏感に反応し音を発しなくなることがある。そのために鳴き砂が存在する海岸は総合的な観点からみて，環境の優れた海岸であるといえる。しかしながら，海水浴などのレジャー客によって出されるごみなどによって年々音質が低下している。そのために，場所によっては禁煙を打ち出している砂浜もある。

式 (6.29) より定数 $c = 2.0$ とおくと

$$q = 2.0 \sqrt{\frac{0.0025}{0.0025} \frac{1.226}{2650 \times 9.8}} \times 0.321^3 = 3.123 \times 10^{-6} \, [\text{m}^3/\text{s/m}]$$

となる。 ◇

演 習 問 題

【1】 波高 1.5 m，周期 5 s の波が一様勾配の海底を進行している。水深 2.5 m で砂粒子が完全移動状態で移動を開始したとき，この地点における底質の粒径を求めよ。

【2】 周期 10 s，沖波波高 $H_0 = 5$ m，入射角 55° で進行している。水深 7 m 付近における，10 時間の海岸線単位幅当りの波の輸送エネルギーの沿岸方向成分とこの海岸における 1 時間当りの沿岸漂砂量を求めよ。なお，海水の単位体積重量 = 10.1 kN/m³，底質の単位体積重量 = 25.97 kN/m³ とする。

7

海岸環境の保全と創造

　四方を海と大陸に囲まれた島国で，国土面積が小さいうえに平地が少なく，天然資源が乏しいわが国では，国土の保全と高度利用の面から，健全かつ適正な海洋の開発および利用の必要性はきわめて高い。特に海岸は陸域と海域の接点に位置し，生物の宝庫であって，自然環境としても貴重な特性を有している。そのため，わが国にとって，海岸環境の保全と創造は，海岸に関する防災，利用，生態系の保全の観点から，非常に重要な課題である。

　ここでは，まず，海岸環境を保全する目的とわが国の現状について述べる。つぎに，海岸防護方式とその変化について述べ，各種の海岸保全工法を紹介する。そして，それらを踏まえて，海岸環境を創造するための技術と今後の展望について述べる。

7.1　海岸環境の保全の目的

　海岸環境（coastal environment）の保全を考えるうえで，その目的は，図 7.1 に示すように大きく三つの側面からとらえることができる。すなわち，1) 海岸防災（coastal disaster prevention），2) 沿岸域の開発・利用（coastal zone development and utilization），3) 海辺の生態系・景観の保全（management of coastal zone ecological system and landscape），である。表 7.1 に海岸環境の構成要素を示す。

　わが国は，その自然的・地理的条件から災害を受けやすく，海岸工学に関する技術も，戦後，たび重なる台風や地震に伴う海岸災害により甚大な被害を受けたことを教訓として，飛躍的に発展してきた。したがって，わが国において

7.1 海岸環境の保全の目的

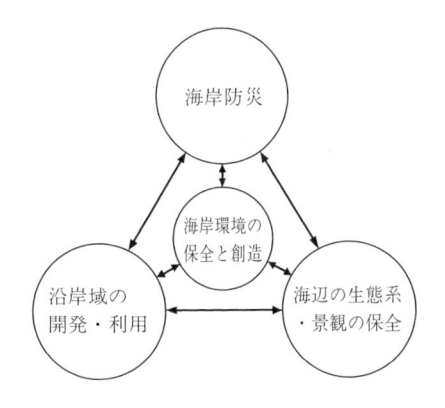

図 7.1 海岸環境の保全の目的

表 7.1 海岸環境の構成要素

海岸環境の構成要素	
1.	海岸防災 ・台風による高潮災害 ・波浪，高波による越波災害 ・地震による津波災害 ・海岸侵食による汀線の後退 ・漂砂による河口閉塞，港湾埋没
2.	沿岸域の開発・利用 ・交通輸送（港湾・漁港，空港，アクセスとしての道路・鉄道　等） ・産業活動（漁場・養殖場，工業用地，商業用地，住宅用地　等） ・最終処分地（一般および産業廃棄物，建設残土，浚渫土砂　等） ・資源エネルギー（石油備蓄基地，火力・原子力発電所，海洋エネルギー開発　等） ・レクリエーション（砂浜，公園・緑地・遊歩道，観光見物施設，マリン・レジャー施設　等）
3.	海辺の生態系・景観の保全 ・空間構成と自然現象 　気圏および気象（風，雨，雪，霧，温度，湿度，気圧，結氷　等） 　海圏および海象（波，潮汐，流れ，漂砂，流氷，水温，水質，底質　等） 　地圏および地象（地形，地質，地盤，地下水，地震　等） ・生態系（陸棲動植物，水棲動植物，海岸線，干潟，藻場，サンゴ礁　等） ・景観（自然景観と人工景観）

　海岸環境を考えるうえで，1) の海岸防災に対する配慮が占めるウェイトは非常に高く，また，それが今後も最重要課題であることに間違いはない．

　しかし，近年，防災面での対策がほぼ達成され，海岸防災に関して一定の整備水準をみるに及んで，海岸環境に対する人々の関心やニーズは，いまや国土保全・防災といった災害時における対応だけでなく，平常時における静穏な沿

岸域の有効利用や，良好な自然環境としての海辺の生態系や景観の維持保全にも目が向けられており，それらに対する期待も高まっている。

まず，海岸の利用面では，沿岸域は交通輸送，産業活動，エネルギーの貯蔵，廃棄物の最終処分地，レクリエーション活動の場などとして，すでに高度利用が進行している。そして，さらにより広大な空間確保のための埋立造成や，豊かで潤いのある親水空間の整備など，**ウォーターフロント開発**（waterfront development）が活発化している。

そして，それらの沿岸域の開発・利用にあたっては，海辺の生態系・景観への配慮はいまや欠かすことはできない。それらへの配慮が不足すると，開発・利用の影響を受けて海岸環境を悪化させる可能性があることから，**環境影響評価**（環境アセスメント：environmental impact assessment）の実施や，生態系にやさしい**海岸保全工法**（coastal protection works）の選定など，良好な水辺環境の維持保全に向けての取組みが必要とされている。

さらに，経済成長が高度成長から安定低成長へと移行し，人々の海岸環境に対する考え方や要望の多様性がますます進む今日において，海岸環境は単に「現状を保全する」だけでなく，豊かで親しみのある**アメニティ**（amenity：「快適性」の意味）の高い環境空間として，「積極的に創造する」ことが求められている。

以上の観点から，海岸環境の保全にあたっては，上述の1）〜3）の三つの側面の重要性を十分に理解し，それらに対する配慮をバランスよく行う必要がある。

7.2 日本の海岸環境の現状

7.2.1 海岸防災の側面からみた海岸環境の現状

わが国における代表的な海岸災害としては，**表7.1**に示したとおり，**越波災害，高潮災害，津波災害，海岸侵食，河口閉塞・港湾埋没**の5種類があげられる。このうち，前の三つは，それぞれ，高波，台風，地震に起因した波その

ものによる浸水災害であり，あとの二つは，漂砂その他を要因とする土砂移動による災害である．

まず，高波による**越波災害**（wave overtopping disaster）は，外洋に面して開けた海岸（外海）で生じる．これに対して，**高潮災害**（storm surge disaster）は，図 **7.2** に示すように，わが国に来襲する台風の多くが太平洋上を北上するルートをとる性質上，東京湾，伊勢湾，大阪湾などのように太平洋に面して南側に開いた規模の大きな浅い内湾（内海）で生じやすい．

また，**津波災害**（tsumani disaster）は，海底の地震によって生じる場合がほとんどであり，その発生域は，図 **7.2** に示すように，主として太平洋岸に広く分布している（なお，表 **3.2** および表 **3.5** に，わが国における代表的な高潮災害および津波災害の記録を示しているので参照されたい）．

つぎに，**海岸侵食**（beach erosion）は，波浪による沖向きと岸向きの土砂移動の土量収支バランスが崩れたときに海浜が削り取られ，汀線が後退することによって生じる災害である．わが国の沿岸域では，太平洋側，日本海側の別を問わず，外海に面する海岸では，特に 1965 年以降，海岸の侵食傾向が目立ちはじめた．

海岸侵食が激化した要因としては，深海への土砂損失や，沿岸に建設された突堤や防波堤などの大規模構造物の影響による漂砂のアンバランスのほか，近年では，河川からの土砂供給が砂防ダムの建設などによって減少し，それによって相対的に海岸侵食が進行している点が指摘されている．

一方，**河口閉塞**（river-mouth closure）および**港湾埋没**（heavy shoaling of harbor）は，海岸侵食とは反対に，河口や港湾に土砂が堆積することによって生じる災害である．一般に，河口部の水理は，河川流，潮流，波浪，漂砂などによって複雑な流れを呈している．そのため，河川からの流送土砂収支によって河床低下や河口埋没が生じ，海岸からの波浪や漂砂によって海岸侵食や河口埋没が生じる．また，港湾の埋没はもっぱら沿岸漂砂に起因しており，これまでにもわが国の数多くの港湾が埋没被害によって放棄されてきた．

これらの海岸災害のうち，波そのものによる災害は，一度の災害で発生・集

156   7. 海岸環境の保全と創造

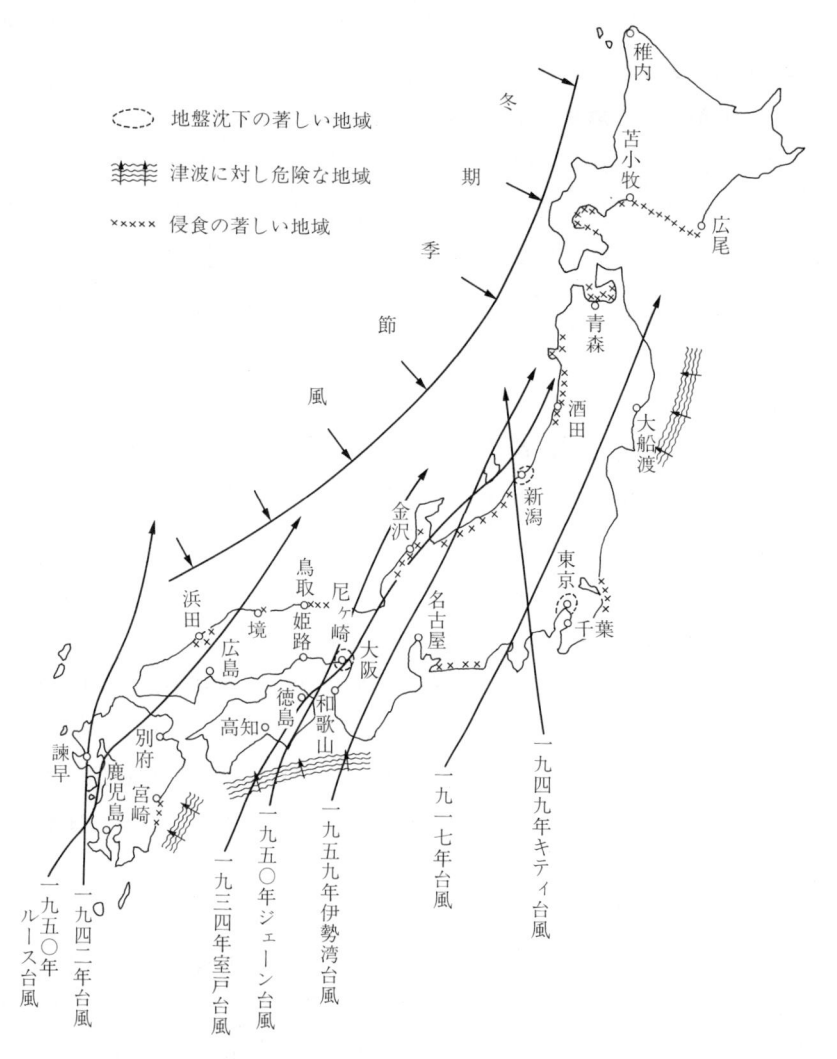

図 7.2 おもな台風の経路と津波の発生域

中するエネルギーが膨大である．しかも，それらの災害の発生頻度が比較的高い海岸の背後には，高度に市街化が進行した大都市が集中している場合が多く，いったん，災害が発生すると，その人的・物的被害の規模は計り知れない大きさとなる．

一方,土砂移動による海岸災害は,一朝一夕(せき)に発生するものではなく,長い年月をかけて自然のバランスが徐々に崩れた結果として生じている。したがって,それらを人間の手で修復するには膨大な時間と費用を要することとなる。

そのため,わが国において海岸防災対策は,国の最重要施策として位置付けられ,第二次世界大戦後の荒廃した国土の復興から高度経済成長期を経て,現在に至るまで,膨大な事業費を投じて懸命に海岸保全施設の整備が推進されてきた。その結果,21世紀初頭の現在,わが国の海岸線の概況は

1) 海岸線の総延長は,約3.5万km
2) 海岸線延長のうち,自然災害からの防護が必要とされる要保全延長は,およそ半分の約1.6万km
3) 要保全延長のうち,海岸保全施設(護岸,堤防,離岸堤等)を有している施設有効延長は,およそ6割にあたる1.0万km弱

であり,戦後以来の一貫した努力により,わが国の海岸災害に対する防災体制は一定水準のもとで整いつつあるといえる。

さて,上述の海岸防災対策は,今後も継続して進めていく必要がある。しかし,それは今後の海岸環境の展望として,何らかの形で人工的に手が加えられた海岸が増加していく反面,自然のままの海岸は相対的には減少していくことを意味している。

このことは,海岸防災に対する自然的・社会的条件が非常に厳しいわが国において,合理的な海岸環境の保全を考えるうえできわめて重要な視点である。海辺の生態系や景観など,自然環境の保全に配慮した海岸防災のあり方が,今後強く求められている。

7.2.2 沿岸域の開発・利用の側面からみた海岸環境の現状

海は,ひとたび荒れると,自然の意のままに猛威をふるって大災害を引き起こし,人間社会にとって大きな脅威となる。しかし,平常時においては静穏(おん)であり,陸域と海域の接点である沿岸域は,古くから漁業や水陸交通の拠点として,わが国の産業を支える中心的な役割を担ってきた。

そして，近年，沿岸域の空間は，**表7.1**に示したように，じつにさまざまに高度に利用されており，今後の社会のニーズや要請とも相まって，沿岸域の空間利用に対する人々の期待は，ますます高度化，多様化することが予想される。

沿岸域の利用で，まず，第一にあげられるのは**交通輸送**である。船舶が海域を航行し，港湾に停泊して荷役を行うように，「海」は流通の大動脈，「港」は流通の拠点として古くから発達し，今日まで発展を遂げてきた。さらに最近では，「空」の流通の拠点として，大規模空港も臨海部に多く建設されている。

海陸の交通輸送の要衝としての港湾を有するメリットから，沿岸域の利用形態として，**産業活動**の場としての機能は欠かせない。漁港は水産業の拠点であり，海面は水産資源の漁場・養殖場として利用されている。臨海部は，交通輸送の便利さと，海面の埋立によって広大な敷地が確保できるという利点から，工業地帯として利用され，そこには，石油備蓄基地，火力・原子力発電所等のエネルギー資源の拠点施設が建設されている。

海面の埋立という観点では，近年，わが国では一般・産業廃棄物の増加に伴って，それらの処分地の確保が全国的に問題となっており，その対策として，海面を埋め立てて**最終処分地**とする事業が全国各地で実施されている。そして，そのようにして新たに造成された埋立地は，港湾関連用地や公園・緑地，マリンレジャー用地などに利用されている。

天然資源が乏しいわが国では，波浪，潮汐，温度差などから取り出される**海洋発電エネルギー**は，地球環境にやさしいクリーンなエネルギーとして従来から注目されてきた。それらは具体的には，波力で圧縮空気をつくって発電する波力発電，汐(しお)の干満差を利用した潮汐発電，南洋の表層水と海底水との水温差を利用した海洋温度差発電などである。いずれも現段階では安定性に乏しく，発電コストも高いが，将来的にはその実用化が大いに期待されている。

海岸は，自然豊かな水辺と陸地を有するアメニティの高いウォーターフロント空間であり，あらゆる人々にさまざまな**海洋性レクリエーション**の場を提供する。海釣り，海水浴，潮干狩り，サーフィン，ヨット，モーターボート，水

上スキーなどはその代表例であり，それらのマリンレジャーを楽しむための公園・緑地，マリーナなどの施設整備も全国各地で進められている。

しかし，近年，臨海部の埋立と水質の悪化により，大都市を抱える内湾では海水浴場の適地が減少し，潮干狩りができる干潟が消失している。また，ヨット，モーターボートなどのプレジャーボート (pleasure boat) の普及・急増は，同時にそれらの係留施設であるマリーナの不足を生じさせ，港湾や河川への放置艇の急増とそれに伴う水辺環境の悪化といった新たな環境問題を生み出している。

このように，沿岸域の利用形態は，今後ますます高度化・多様化が進む一方，人間社会が沿岸域の開発・利用に対して欲する生活・産業活動上の利便性や効率性の追求は，それらと引換えに，かけがえのない自然環境である海岸環境を悪化させる可能性とつねに背中合せの関係にあることをわれわれは忘れてはならない。

このことは，国土面積が小さく，天然資源が乏しいわが国が，その活路を海岸・海洋の開発および利用に見いだしていくうえで，きわめて重要な視点である。海辺の生態系や景観など，自然環境の保全に配慮した沿岸域の開発・利用のあり方が，今後強く求められている。

7.2.3 海辺の生態系・景観の保全の側面からみた海岸環境の現状

海は生命誕生の源であり，複雑で多様な生態系を有している。特に沿岸域は，自然の空間を構成する気圏，水圏，地圏の三圏の境界をなし，自然現象である気象，水象（海象），地象とともに存在している。また，自然の力によってつくられた長大な砂浜海岸や，凹凸状の岩礁海岸などの変化に富んだ海岸地形は，優れた自然景観を形成するとともに，生物の宝庫でもあり，生態系にとっても，その健全かつ適正な維持保全はきわめて重要である。

沿岸域のなかでも，内海・内湾の海浜は一般に遠浅で，そこに位置する**干潟，浅場，藻場，砂浜，磯**は，小魚や貝類などの生息地であるとともに，それらを餌とする野鳥類の生息地にもなっている。

特に，**干潟**（tidal flat）には，1）生物生息機能，2）生物生産機能，3）水質浄化機能，4）大気浄化機能，5）気候調節機能，などのさまざまな環境機能があり，多様な生物種が高い生物生産性をもって生息している。干潟はさらに，沿岸域において最も身近に自然を感じることができる親水性の高い空間であり，潮干狩りに代表されるように，人々にレクリエーションの場を提供している。

藻場（submerged vegetation）にもまた，1）産卵場・幼稚仔育成機能，2）餌料供給機能，3）水質浄化機能，4）底質安定化機能，といった多種多様な環境機能があり，干潟と同様に沿岸域の生態系に重要な役割を果たしている。特に，その水質浄化機能は，海域の富栄養化の原因である海水中の窒素やリンを吸収して水中から除去・移動させるほか，光合成によって溶存酸素を増加させる効果も発揮するなど，きわめて高度な環境保全機能であることが確認されている。

一方，近年，内海・内湾では，**水質の悪化**と**干潟および藻場の消失**が大きな問題となっている。1960年代の高度経済成長を契機として，大都市に人口・産業が集中した結果，内海・湾内の背後に位置する大都市圏では大量の生活排水や産業排水が発生し，その多くが公共用水域である海に排出され，水質が悪化した。特に，内海・内湾のような閉鎖性海域では，外海との海水循環・交換の効率が悪く，人間活動によっていったん水質が悪化すると，その改善には相当の時間を要することになる。

干潟・藻場の消失は，臨海部の埋立造成の影響によるところが大きい。例えば，東京湾では，明治後期に約2万haあった干潟が，その後の100年間で90％以上消滅したといわれている。これらの干潟・藻場の消失によって，海岸は本来的に有していた水質浄化機能を失い，生活・産業排水の流入負荷の増大化とも相まって，海岸水質の悪化が進んでいる。

また，景観の面では，臨海部の開発と海岸侵食の進行により，**沿岸域の海岸景観は一変**した。臨海部に建設された工場群や，防災効果を第一として築造された防波堤，護岸などのコンクリート構造物は，それぞれの建設目的と引換え

に，優れた自然景観としての海辺の機能を損なわせ，殺風景で潤いのない人工的な色彩の強いものとしている．

以上述べてきたように，わが国の海岸環境は，戦後の復興期から高度経済成長期および安定低成長期を経て，21世紀初頭の現在に至るまで，自然災害の脅威，社会経済の要請，人々の生活様式の変化・生活意識の向上など，さまざまな要因・要請に対応して変化を遂げてきた．

そして，時代はいまや21世紀に突入し，地球規模の環境問題がますます顕在化している現代において，人間社会と海とのかかわりは，自然としての海が有するさまざまな脅威を「単に封じ込める」，あるいは，海が有するさまざまな豊かさを「一方的に利用する」，といった単純な関係では，もはや済まされなくなってきている．

われわれ人間は，その生活および産業活動を通じて，これまで海に対して長年にわたり，海が本来的に有している自浄能力や環境復元力を超える環境負荷を課してきたことを大いに反省しなければならない．そして，豊富な生物生産力，多種多様な環境要素およびそれらを相互に調整する環境保全機能，親水性豊かな安らぎの空間としての機能など，大自然としての海がもつ無限の可能性を考えるとき，それらを健全な形で次世代へと引き継ぐために，人と海との関係を再構築し，海岸環境の保全と創造にいっそう努力していかなければならない．

7.3 海岸保全工法

7.3.1 海岸防護方式とその変化

海岸を保全するための防護方式は，大きく「**線的防護方式**」と「**面的防護方式**」の二つの方式に大別される．

わが国では，1955年ごろから海岸侵食が顕著に出現しはじめたといわれており，それと時を同じくして，海岸保全事業がスタートした．その当時の海岸保全の考え方は，海岸線上に直立形の堤防・護岸と消波工を組み合わせて施工

する「線的防護方式」が主流であった。

図 **7.3** (a)に線的防護方式の概念図を示す。この方式は，最小限の用地幅で想定外力に対応した計画天端高を有する海岸堤防を構築し，防波・防潮ラインを確保して後背地を守るという点においては，経済的かつ即効性があり，海岸防災対策事業を推進していくうえで，当時としては投資効果が高い方式であった。

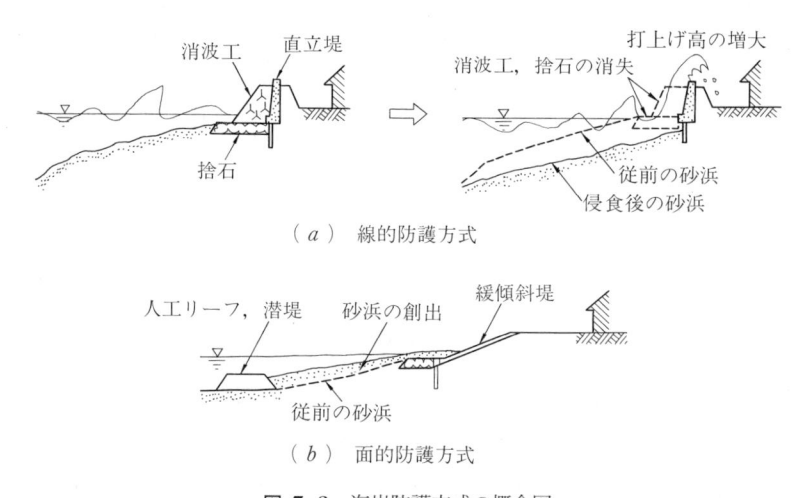

（ a ） 線的防護方式

（ b ） 面的防護方式

図 **7.3** 海岸防護方式の概念図

しかし，線的防護方式は，元来，海岸侵食を積極的に防止する工法ではない。特に海岸保全施設前面の侵食防止には効果がないため，施工後，時間の経過とともに前浜が消失し，それに伴って，波浪の打上げ高や越流量が増大化した。

また，それらの対策として堤防の嵩上げや海岸保全施設前面への消波工の設置が実施された結果，海岸線はコンクリート製の高い堤防に囲まれ，砂浜は無数の消波ブロックに覆われるなど，海辺の景観は一変し，人々は水際に近づくことすらできなくなってしまった。さらに，生態系の維持保全の観点からも海岸環境の悪化が進行した。

このように，防波堤などの海岸保全施設の建設に伴って沿岸漂砂の動きが変

化し，海岸侵食が全国的に進行したことを受けて，海岸工学の世界では，昭和40年代（1965〜1974年）から50年代（1975〜1984年）にかけて，沿岸漂砂現象のメカニズムの解明や，それによる海浜変形の予測に関する調査研究が活発に行われた。

また，それと同時に，離岸堤や潜堤など，海岸線から離れた個所で漂砂をコントロールする新しい海岸保全施設の設計法も確立しはじめた。それらの研究成果の蓄積と，従来の線的防護方式に対する反省から，新たに提案されたのが面的防護方式である。

図7.3(b)に面的防護方式の概念図を示す。この方式は，従来の海岸堤防・護岸に加えて，突堤，離岸堤・潜堤，養浜工，人工リーフ，ヘッドランドなどの**海岸保全施設**（coastal protection facilities）を組み合わせて整備するものである。

この方式では，それぞれの海岸保全施設が有する消波機能や漂砂制御機能が複合的に発揮されることによって，海岸侵食の抑止および前浜の保全・回復が図られるとともに，波浪および波力が減衰され，堤防天端高を低く抑えることができる。

その結果，緩傾斜堤の整備が可能となって，海岸と後背地との遮断が解消されると同時に，人々の海辺へのアクセスが容易となり，親水空間としての海岸の利用や，海辺の景観の向上が促進される。また，緩傾斜堤を石積堤防・護岸として整備すれば，礫間接触酸化や曝気による海水の浄化作用が期待でき，生態系の保全にも効果を発揮するなど，良好な海岸環境の創出に寄与する。

図7.4はそれらの一例として，鳥取県皆生海岸において昭和30年代（1955〜1964年）と平成（1989年〜）の時代の海岸整備を比較したものである。

さらに近年では，**大水深設置形の透過性海域制御構造物**（permeable offshore structures for control of wave and current, permeable offshore structures for control of sea environment）を取り入れた新しい面的防護方式も実用化されている。この方式は，消波ブロック工や離岸堤など，大深度個所

(a) 侵食が激しく，突堤，消波ブロックが設置されている（1956年撮影）

(b) 沖合いに離岸堤が設置され，砂浜が戻るとともに，砂浜へのアクセスを改善する階段護岸が設けられている（1996年撮影）

図7.4 海岸防護整備の実施例の比較（鳥取県皆生海岸）〔写真提供：(社)全国海岸協会〕

や軟弱地盤上には施工が困難な従来形の消波構造物に代わって，浮消波堤やカーテンウォール式防波堤などの透過形消波構造物を沖合に設置するものである。それらは，沿岸域の水質や海水の流れに環境保全上の悪影響を生じさせないことに加えて，背後に従来よりも広い静穏域が確保できることから，生態系の保全や海洋レクリエーションの場としての海岸環境の多様性をより高めることができる。

このように，海岸防護方式の変遷は，海岸環境の保全の目的が，時代の変化とともに，国土保全・防災面だけでなく，沿岸域の開発・利用や海辺の生態系・景観の保全にまで及んでいることを示している。今後の海岸保全事業は，線から面へ，沿岸から沖合へと，その整備対象範囲を拡大し，防災，利用，環境保全といった多目的な整備内容をバランスよく展開していく必要がある。

7.3.2 各種の海岸保全工法

表7.2に各種の**海岸保全工法**（coastal protection works）を示す。以下では，それらの各工法を個別に説明する。なお，構造物の設計法の詳細については，他の文献（例えば，「海岸保全施設築造基準解説〔(社)全国海岸協会発刊〕」，「港湾の施設の技術上の基準・同解説〔(社)日本港湾協会発刊〕」）など

7.3 海岸保全工法

表 7.2 各種の海岸保全工法

海岸保全工法	浸水対策	侵食対策	埋没対策
	1. 海岸堤防および海岸護岸 2. 高潮および津波防波堤 3. 防潮水門および排水機場	4. 突堤および突堤群 5. 離岸堤および潜堤 6. 人工リーフ工法 7. ヘッドランド工法 8. 養浜工法	9. サンドバイパス工法 10. 河口閉塞対策 ・河口導流堤 ・人工開削工法 ・暗渠工法

を参照されたい。

〔**1**〕 **海岸堤防および海岸護岸** **海岸堤防**(coastal dike, embankment)および**海岸護岸**(coastal revetment, seawall)は,高潮や波の遡上による陸上部への海水の侵入ならびに海岸侵食を防止するために,海岸線付近にそれとほぼ平行して連続に設けられる構造物である。

両者は機能的にもほぼ同じであることから,その区別は明確ではないが,一般には,**図 7.5** に示すように,現地盤を盛土などで嵩上げし,裏のり(法)を有するものを堤防,地表面を被覆して海岸侵食を防止することを本来の目的とし,裏のりのないものを護岸と称している。

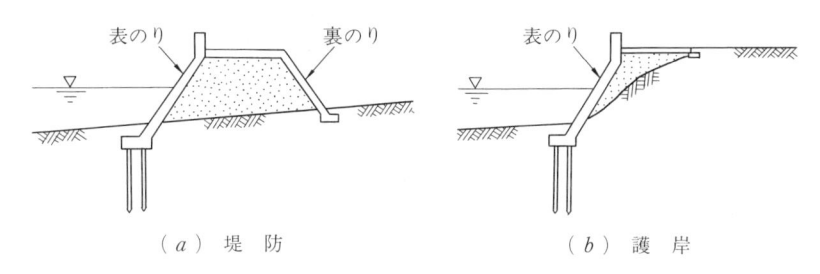

(a) 堤 防　　　(b) 護 岸

図 7.5 堤 防 と 護 岸

海岸堤防および護岸は,表のりの勾配と使用材料によって,**図 7.6** およびつぎのように分類される。

1) 傾 斜 形　表のりの勾配が 1:1 より緩やかなもの。石張り式,コンクリート張り式,アスファルト張り式,コンクリートブロック張り式,階段式など。

2) 直 立 形　表のりの勾配が 1:1 より急なもの。石積み式,重力式

166　　7．海岸環境の保全と創造

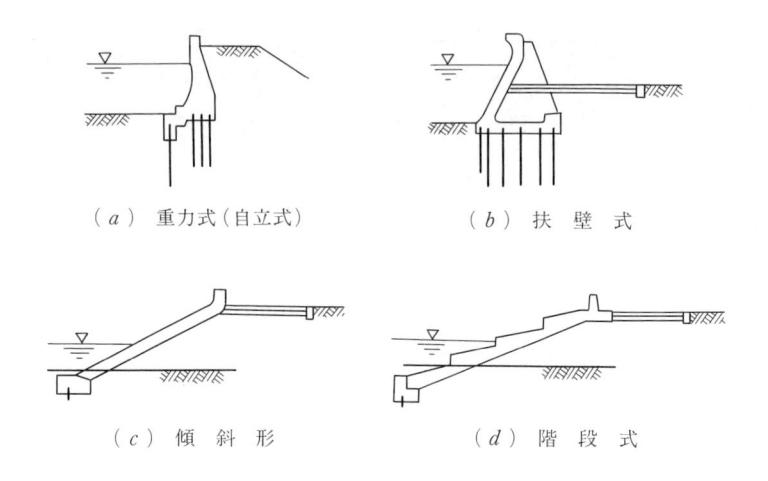

(a) 重　力　式（自立式）　　　(b) 扶　壁　式

(c) 傾　斜　形　　　(d) 階　段　式

図 **7.6**　海岸堤防および護岸の構造形式の例

（自立式），扶壁式，ケーソン式など。

3）混　成　形　　上記2形式を組み合わせたもの。

なお，一般に，堤防には傾斜形や混成形が多く，護岸には直立形が多い。

堤防や護岸を設置する場合には，表のりの被覆工や堤防の堤脚および護岸の基礎部分の洗掘対策として，図 **7.7** に示すように前面に根固め工や消波工を併設する。それらには，越波量や堤体への波力を低減させる効果もある。根固め工には，変形に追随できるように捨石やコンクリートブロックが用いられ，消波工にはかみ合わせのよい異形コンクリートブロックが多く用いられる。

近年，表法勾配を1：3よりも緩やかにした**緩傾斜堤防**（gentle slope-type

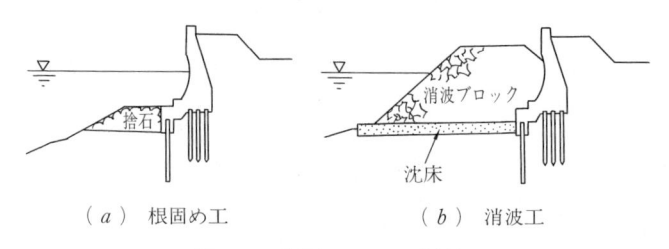

(a) 根固め工　　　(b) 消波工

図 **7.7**　根固め工および消波工

dike）および**護岸**（gentle slope revetment）の建設が全国各地で進められている．それらは反射波を少なくして前浜の消失を防ぎ，海岸線を防護するだけでなく，高い親水性をもって人々を海に近づけ，海辺の利用を促進するとともに生態系や景観にも配慮できるため，新たな海岸整備手法として注目されている．

〔2〕 **高潮防波堤および津波防波堤**　**防波堤**（breakwater）は，代表的な港湾構造物であり，外海からの強い波のエネルギーを反射または消散することによって，港内水域の静穏化と船舶航行の安全を確保する．この防波堤を沖合に築造して高潮や津波の来襲を防ぐのが，**高潮防波堤**および**津波防波堤**（storm surge protection breakwater, tsunami protection breakwater）である．

高潮や津波のような長周期波は，海岸に接近して水深が浅くなるに伴って波高が増大し，その際，内湾の規模によっては共振現象のために波高が複雑に変化する．それらへの対策としては，高い擁壁の**防潮堤**（高潮対策の堤防：tide embankment）を海岸線に沿って延々と築くよりも，湾の入り口に防波堤を築造して波のエネルギーを反射・消散させたほうが，事業費や海辺の景観保全の面からも合理的である．

高潮防波堤および津波防波堤はそのような目的から設置され，堤内での水位上昇や波高上昇を抑えて進入波を減殺し，防護区域への高潮および津波の進入を防止する．

なお，高潮防波堤および津波防波堤の構造形式は，港湾構造物としての防波堤と変わりはなく，**表 7.3** のように分類される．

一方，高潮および津波防波堤の設計にあたっては，それぞれの長周期波がもつ特性の違いにより，計画天端高の決定方法がつぎのように異なっていることに注意する．

　　　（高潮防波堤の計画天端高）
　　　　＝計画高潮位＋設計波浪に対する必要高＋余裕高
　　　　＝（朔望平均満潮面＋既往最大またはモデル台風の潮位偏差）
　　　　　＋（打上げ高＋越波に対する必要高）＋余裕高

表 7.3 防波堤の構造形式

(形　式)：傾斜堤

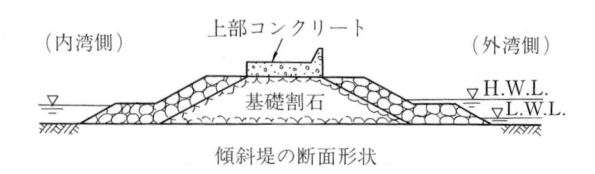

傾斜堤の断面形状

(特　徴)
　粗石やコンクリート塊を台形状に盛り上げ，両側面が傾斜した堤体としたもの。外海側の傾斜面で波を砕き，堤体の空げきで波のエネルギーを吸収することによって，堤体背後への波の進入を防ぐ。一般には，越波による天端破壊の防止と通行の確保のため，上部にコンクリート構造物を設ける場合が多い。
(長　所)
・傾斜面のため，反射波が少なく，付近の海面を乱さない。
・地盤の凹凸に関係なく施工でき，軟弱地盤にも対応できる。
・波および経年による捨石などの散乱や沈下には，材料を適宜補充することによって対応することができるので，維持管理が容易である。
(短　所)
・堤体が台形状のため，水深が大きくなると多量の材料と施工労力を必要とする。
・直立堤に比べると，海上での施工期間が長くかかる。
・越波によって，堤内側の斜面が破壊されやすい。

(形　式)：直立堤

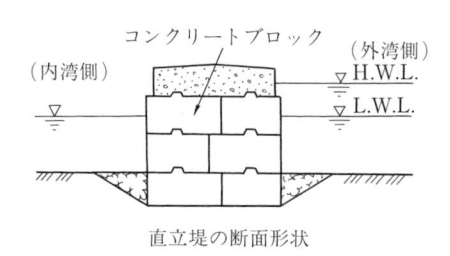

直立堤の断面形状

(特　徴)
　コンクリートブロックやケーソンなどで堤体を築き，その両側面をほとんど鉛直面に仕上げたもの。主として波の反射により，堤体背後への波の進入を防ぐ。
(長　所)
・傾斜堤に比べて使用材料が少なく，海上での施工期間が短い。
・堤体は不透過性で，一体的に施工されるので，越波に対して強い。
(短　所)
・鉛直面のため，反射波が大きく，付近の海面を乱す。
・設置面積に比べて構造物の重量が大きいため，軟弱地盤上には施工できない。

・堤体の据付けは海上の天候に左右されるため，荒天が続くと施工できない。
・平常時の維持補修が少ないかわりに，いったん破壊されると復旧が困難である。

(形　式)：混成堤

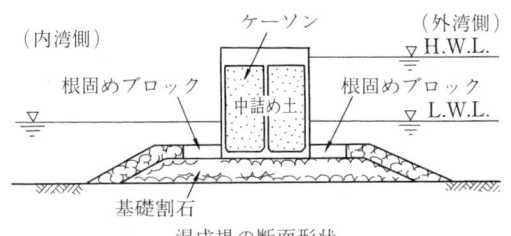

混成堤の断面形状

(特　徴)
　捨石部の上に直立壁を設けたものであり，捨石天端が浅いときには傾斜堤の機能に近く，深いときには直立堤の機能に近くなる。傾斜堤および直立堤のそれぞれの長所が活かせることから，高潮および津波防波堤の構造形式としては，最も多く用いられている。
(長　所)
・捨石部で基礎に作用する底面反力を軽減するので，水深の深い所や軟弱な地盤上でも比較的施工が可能である。
・捨石部は常時水没しており，越波による堤内側斜面の破壊の心配がない。
(短　所)
・水深が浅い所では上述の長所は活かされない。
・捨石部の天端位置が高い場合には，その付近(捨石部と直立部の境界付近)に波力が集中して捨石部が破壊をきたす恐れがある。
・構造形式が他の2形式に比べて複雑であり，施工技術や施工設備などが多少複雑化する。

(津波防波堤の計画天端高)
　　＝朔望平均満潮時に設計波浪の越波に対して必要な高さと，朔望平均満潮時に津波の越波に対して必要な高さを比較して，高いほうとする。

〔3〕　**防潮水門および排水機場**　　台風が来襲しやすい内湾に隣接する大都市部では，高潮対策として高擁壁の防潮堤を海岸線から河口部付近の高潮影響区間にまで入り込んで築造する「**防潮堤方式**」をとることは

1)　密集市街化による用地確保の困難化
2)　橋梁の嵩上げによる都市交通への影響
3)　防潮堤の大規模化による地盤沈下の発生の恐れ

170 　7．海岸環境の保全と創造

4) 高擁壁のコンクリート堤防による都市景観の悪化

などから，事業の実施が困難で合理的でない場合が多い。

そのため，防潮堤方式に代わって，河道に高潮や波浪が侵入するのを防止するために河口部に設けられるのが**防潮水門**（tide gate）であり，水門閉鎖時に内陸部の内水を水門外の内湾や大河川に排出するのが**排水機場**（drainage pump station）である。この防潮水門と排水機場による高潮防御方式を「**防潮水門方式**」という。

図 7.8 (a), (b)に，防潮堤方式および防潮水門方式による高潮防御方式の比較を示す。この図からもわかるように，防潮水門方式では，防潮堤方式に比べて，内陸部（水門内）の防潮堤の高さを低く抑えることができる。

図 7.9 (a), (b)に，防潮水門方式の代表例として，大阪湾に面した旧淀川筋の高潮防御対策を示す。旧淀川筋の大阪市内河川では，安治川，尻無川，木津川のそれぞれの河口部にアーチ形の防潮水門を設け，内陸部の洪水を淀川に排出する毛馬排水機場とともに，大阪湾に来襲する台風および高潮に備えている。

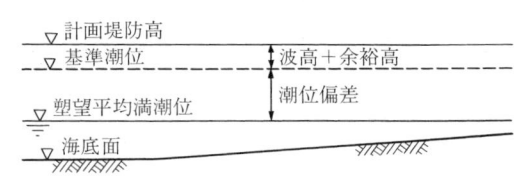

(a) 防潮堤方式

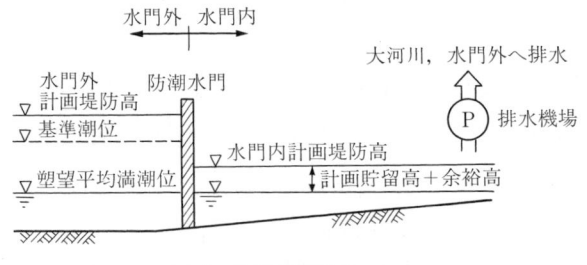

(b) 防潮水門方式

図 7.8　高潮防御方式の比較

7.3 海岸保全工法

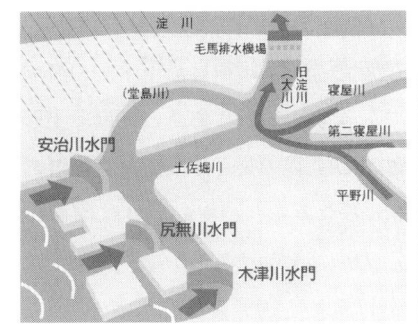

(a) 高潮来襲時の防御体制（概念図）　　(b) 安治川水門（河川内の白抜きの線は水門閉鎖時を示す）

図 7.9　アーチ形防潮水門の実施例（安治川水門）（写真提供：大阪府土木部）

〔4〕**突堤および突堤群**　突堤（groin）は海岸線に直角に細長く突き出して設けられる構造物であり，もっぱら沿岸漂砂の制御工法である。**図 7.10**(a)に示すように，突堤の設置によって漂砂の上手側に砂が堆積し，下手側は侵食を受ける。そのため，海岸保全施設としての突堤は，通常，1基のみ単独に用いられることはなく，**突堤群**（groins）として築造される。

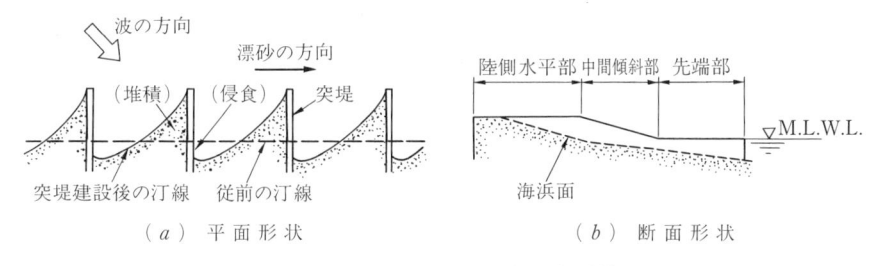

(a) 平面形状　　(b) 断面形状

図 7.10　突堤群による沿岸漂砂の制御

突堤の構造形式としては，水ではなく砂・底質を透過させるか，させないかという点で，透過形（捨石堤，異形ブロック堤など）と不透過形（石積み式，石張り式，セルラーブロック式，ケーソン式など）に大別される。

突堤本来の築造目的である沿岸漂砂の阻止または捕捉という観点からすれば，突堤の構造形式は不透過形であるほうがよいが，一般に透過形は施工および維持管理が容易であり，捨石間を十分に充塡した捨石堤は，通常の砂浜海岸

ではほぼ不透過形とみなすことができる。

なお，突堤の設置による上手側漂砂の過度の捕捉・堆積は，下手側の海岸侵食の進行を早める恐れがある。したがって，突堤の設計にあたっては，土砂全体の堆積および侵食のバランスを考慮しつつ，突堤の長さや高さ，突堤群の配置および間隔などを決定する必要がある。ちなみに，突堤の高さは漂砂の阻止・捕捉率に大きく関係しており，図 7.10 (b) に示すように，大きくは陸側水平部，中間傾斜部，先端部の三つに分けられる。

〔5〕**離岸堤および潜堤**　離岸堤 (detached breakwater, offshore breakwater) は，図 7.11 に示すように海岸線に平行に海岸から離れた沖側に築造される構造物で，構造物背後の海域を静穏化して砂の堆積を図り，海岸侵食を防止する。

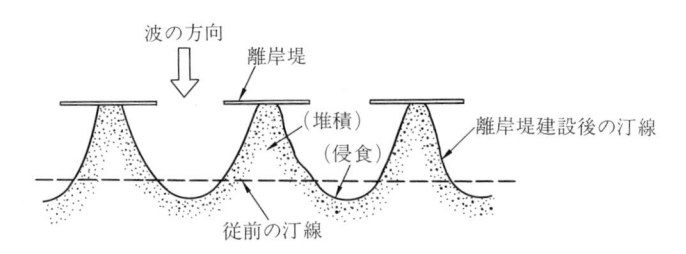

図 7.11　離岸堤群による沿岸漂砂の制御

突堤と同じように群として用いることが多く，連続堤と不連続堤がある。連続堤の機能は消波が主体であり，不連続堤は消波機能に加えて，構造物背後に向かう回折波によって，図 7.11 に示すように，舌状の砂の堆積（トンボロ）が生じる。

離岸堤は，わが国では1966年に北海道の銭亀沢海岸で初めて登場し，その後，1971年に鳥取県の皆生海岸において離岸距離を大きくとった離岸堤に多大な効果が認められた（図 7.12）。以来，全国各地の海岸で整備されるようになり，海岸防護方式を従来の線的防護方式から面的防護方式へと移行させる先駆的な役割を果たした。現在では，消波ブロックによる離岸堤に代わって，生態系や景観に配慮して自然石を用いた離岸堤も提案されている。

7.3 海岸保全工法　　173

図 7.12　離岸堤の実施例（鳥取県皆生海岸）〔写真提供：(社)全国海岸協会〕

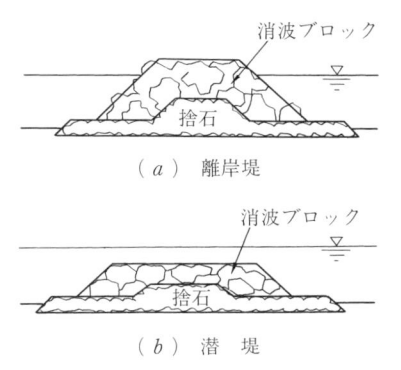

図 7.13　離岸堤および潜堤の断面形状

なお，離岸堤のうち，**図 7.13** (b)に示すように，天端が静水面より下にあって常時水没しているものを**潜堤**（submerged mound, submerged breakwater）と呼び，さらに，潜堤の天端幅を 30〜50 m 程度に広くとったものを人工リーフ（後述）と呼んでいる。ともに，離岸堤に比べて消波機能や沿岸流および漂砂の制御機能はやや劣るが，海辺の景観を損なうことなく，海域の静穏化や海岸侵食防止を図ることができるため，近年，新たな海岸保全施設として注目されている。

〔6〕**人工リーフ工法**　　人工リーフ（artifical reef）は，**図 7.14** に示すように，海浜の前面に浅瀬をつくり，波浪を砕波させることによって波を消し，海浜の安定化を図る工法である。

この工法は，熱帯地方において沿岸域で形成されるサンゴ礁による浅瀬（リーフ）の消波機能にヒントを得たもので，急勾配の海底にサンゴ礁を模して捨石やコンクリートブロックなどを投入して遠浅な海岸をつくるものである。

人工リーフには，消波機能に加えて，その設置によって発生する岸向きの流

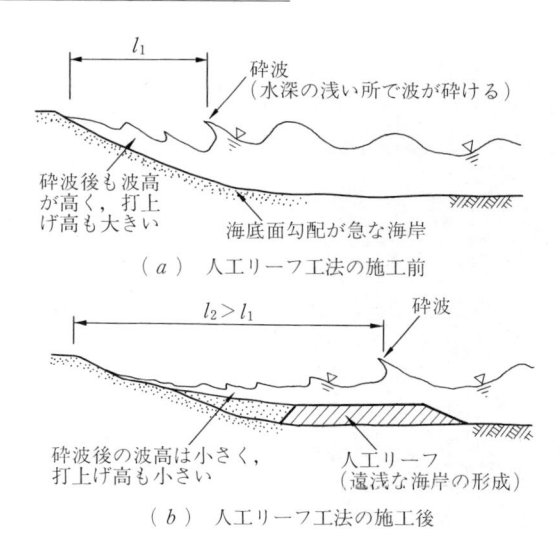

図中ラベル:
(a) 人工リーフ工法の施工前
- l_1
- 砕波（水深の浅い所で波が砕ける）
- 砕波後も波高が高く、打上げ高も大きい
- 海底面勾配が急な海岸

(b) 人工リーフ工法の施工後
- $l_2 > l_1$
- 砕波
- 砕波後の波高は小さく、打上げ高も小さい
- 人工リーフ（遠浅な海岸の形成）

図 7.14 人工リーフ工法の概念図

れには，周辺海域の水質改善効果も確認されている。また，安定した海浜は，海洋性レクリエーションおよび生物の生息場として多目的に利用される。

最近では，人工リーフの表面被覆にコンクリートブロックに代わって自然石を利用し，生物共生形構造物として生態系の保全や藻場の形成を図るなどの検討が進められている。

〔7〕 **ヘッドランド工法** ヘッドランド (headland) とは，「海に突き出た高い急斜面の岬」の意味である。**ヘッドランド工法** (headland defense works, headland control) は，岬と岬の間に挟まれた天然のポケットビーチの安定性に着目して，図 7.15 および図 7.16 に示すように，直線的な海岸に人工の岬を設置して波を集中させ，海岸への入射波を弱めることによって自然に近い安定かつ景観性に優れた海浜を創出する工法である。

ヘッドランドは，構造的には，幅が広くやや規模の大きな岬状の突堤，あるいは突堤の機能をもった大規模な離岸堤と考えられる。わが国では，1985年に茨城県の大野鹿島海岸で試験施工が実施されたのを皮切りに，現在では日本海沿岸の直線海岸において整備が実施されている。

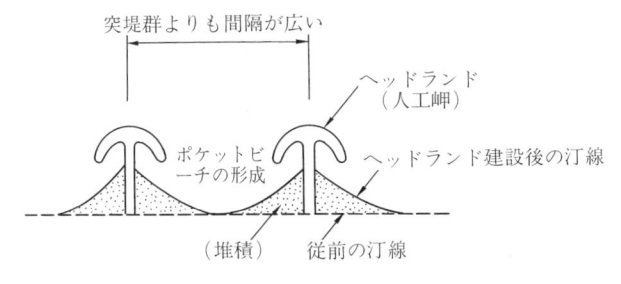

図7.15 ヘッドランド工法の概念図

図7.16 ヘッドランド工法の実施例（茨城県大野鹿島海岸）
〔写真提供：(社)全国海岸協会〕

〔8〕**養浜工法**　養浜工法（sand fill method, artificial nourishment method）は，侵食の著しい海岸に人工的に砂を補給して海浜を造成する工法である。給砂の後，そのままにしておくと，せっかくの養浜砂が再侵食を受けて流出してしまうので，突堤や離岸堤などの海岸侵食防止工法と併用して施工される場合が多い。

養浜工法の実施にあたっては，養浜砂の入手方法と，それらの粒径が問題となる。まず，養浜砂の入手については，図7.17に示すように，堆積地点から侵食地点に砂を人為的に運搬するサンドバイパス工法（後述）を採用するか，水深が十分深く，土砂採取の影響が周辺海域に新たな侵食問題を発生させないような場所から採取する。

つぎに，養浜砂の粒径は，現状の海浜の粒径を参考にして決定する。一般に，養浜砂の粒径が粗ければ，海浜は従前より急な勾配で安定化し，細かくれ

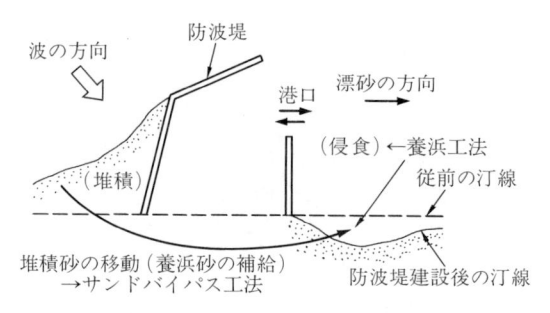

図 7.17 養浜工法およびサンドバイパス工法

ば緩い勾配で安定化する。

養浜工法によって良好に再生された海浜では，人々のレクリエーション利用や生物の生息場など，さまざまな利用が可能となる。

〔9〕 **サンドバイパス工法** 沿岸漂砂が顕著な海浜や港口付近に防波堤や河口導流堤（後述）を築造すると，漂砂の上手側では砂が堆積し，下手側の海岸は侵食を受ける。さらに極端な場合には，漂砂が防波堤の先端に回り込んで砂嘴状に堆積し，港口を埋没させたり，航路障害をきたす恐れがある。

そのような場合，図 7.17 に示すように，堆積土砂を浚渫して侵食海岸に運搬し，養浜砂として連続的に補給することにより，港湾埋没対策と海岸侵食対策を同時に行うことができる。この工法を**サンドバイパス工法**（sand bypassing method）という。

サンドバイパス工法は，アメリカの大西洋岸で数多く実施されており，わが国でも苫小牧西海岸や秋田港南海岸など，いくつかの海岸で港湾埋没対策や航路維持を目的として実施されている。

〔10〕 **河口閉塞対策** 図 7.18 に**河口閉塞対策**（countermeasure works against river-mouth closure）の一例を示す。

まず，**河口導流堤**（river-mouth training jetty）は，河口から海岸に直角に築造される構造物で，大規模な突堤に似ている。文字どおり，河口部の流れを海に導くとともに，沿岸漂砂を制御して河口閉塞を防止する機能を有する。また，潮流や沿岸漂砂などの影響を受けて河口が移動しないように固定する役

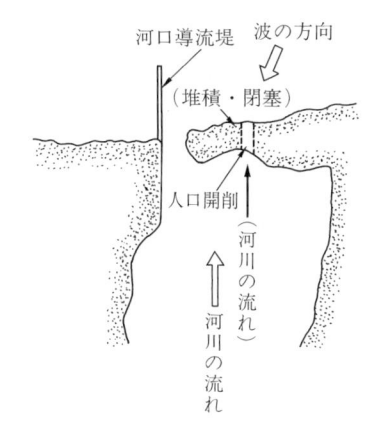

図 7.18 河口閉塞対策の一例

目も果たす。

つぎに，**人工開削工法**（artificial excavated works）は，洪水前に砂州の一部をあらかじめ開削しておき，洪水時に砂ともども流れやすくする工法である。また，**暗渠工法**（culvert works）は，流量が比較的少ない中小河川の河口部が外海に面している場合，沿岸漂砂によって形成された河口砂州を暗渠で抜くもので，河床が高い場合には特に有効である。

河口閉塞対策は，これらの工法の効率的な組合せによって実施される。

7.4 海岸環境の創造と今後の展望

7.4.1 環境創造上重視すべき項目

沿岸域には多くの生物が生息し，複雑で多様な生態系を形成している。そのような海岸環境を，われわれ人間は長年にわたって利用してきた。そして，これからも人間は，さまざまな形で海に期待し，要求し，その恩恵に浴することだろう。

われわれは，この海がもつ無限の可能性を健全な形で次世代へ引き継いでいかなければならない。そのために，いま，海岸環境の悪化を防ぎ，より質の高い水辺環境を創造することが強く求められている。

7. 海岸環境の保全と創造

今日,海岸環境に限らず,環境創造への取組みにおいては,国土保全や社会基盤整備の単なる延長線ではなく,生態系・景観の保全やアメニティ豊かな環境空間の形成が重視されている。そのような観点から,環境創造上重視すべき項目としては,つぎの三つがあげられる。

1) 自然との共生共存を図りながら,**持続可能な開発**(sustainable development)を目指す。
2) 単に「現状の環境を維持保全する」だけでなく,「積極的に環境を創造する」といった姿勢で取り組む。
3) 特定の地域に限定された環境保全ではなく,広域的な環境保全への貢献,ひいては**地球規模の環境問題**(global environment issues)への対応といった視点をもつ。

環境創造の設計段階においては,対象とする環境の現況と将来像を把握するとともに,その環境メカニズムを明らかにし,環境悪化の原因を究明したうえで,それらに適応する環境技術を選定する必要がある。具体的には,つぎのような項目について検討する。

1) 対象とする環境空間の構成要素(**表 7.1** 参照)とそれらの特徴を把握する。
2) 上記1)のうち,人間による利用や開発などによって影響を受ける環境要素に対しては,それらの環境変化に対する順応性,保全・修復・移転・創造の可能性について検討する。
3) 選定された環境技術について,それらの建設費(初期投資)と維持管理費(運転経費)から事業投資効果を算定し,事業の実現性について検討する。

以上の観点から,国土交通省(前運輸省港湾局)では,海域環境を考えるうえでの科学的・技術的視点として,以下のような8項目の具体的な留意点をまとめている。

1) 海水交換や循環に注意する。
2) 汚濁機構を把握する。

3) 物質循環のマクロバランスを把握する。
4) 化学的酸素要求量（COD）のみでなく，溶存酸素（DO）にも注意する。
5) 汚泥の性状，堆積状況の把握に努める。
6) 汚染指標種に注目する。
7) 生物相の多様性に注目する。
8) 干潟・浅場・藻場に注目する。

これらのなかで，特に沿岸域の水質・底質や生物生息の特性を把握することが重視されている点には，注目しておくべきである。

7.4.2 海岸環境の創造

海岸環境を積極的に創造するという視点から，図 *7.1* の「海岸環境の保全の目的」を再整理すると，図 *7.19* のようになる。

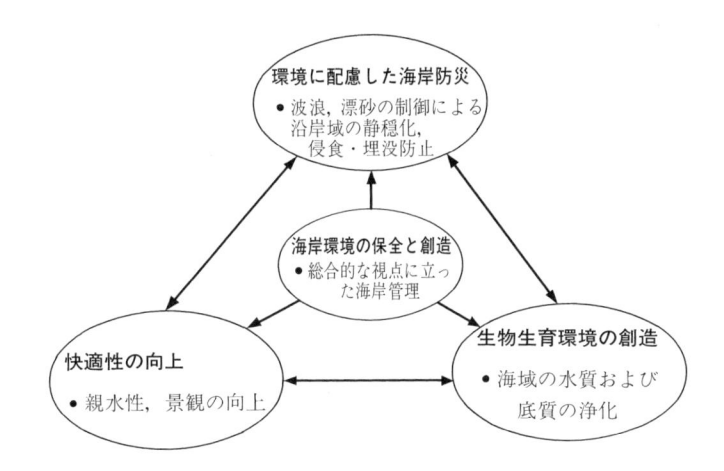

図 *7.19* 海岸環境の保全の目的（再整理）

〔*1*〕 環境に配慮した海岸防災

1) 海岸保全工法の選定にあたっては，従来の海岸防災機能に加えて，生物の生息場としての機能，海域（水質・底質・海浜）浄化機能，景観

性・快適性の確保といった機能についても配慮し，それらを海岸防災対策事業と同様に，環境保全整備事業として目的化していく。

2） 海岸防護方式について，面的防護方式のいっそうの機能向上を図り，安全度の高い海岸保全機能を維持しつつ，良好な景観と海辺へのアクセスを確保する。それによって，人と海との交流を活発化し，質の高い親水空間としての利用を促進する。

〔2〕 快適性の向上

1） 人々の生活水準の向上や余暇時間の拡大化に伴って，今後は海洋性レクリエーションも多様化や高度化が進み，人々の海に対する期待と利用要望もますます高まることが予想される。そのため，人々のレクリエーションや憩いの場として，ビーチ，マリーナ，海浜公園，緑地・遊歩道といった親水施設の整備を推進することが必要である。

2） それらの施設整備を実施する場合，例えば，親水性堤防・護岸には，快適性や景観性に加えて優れた水質浄化機能がある。また，人工リーフやヘッドランドは，景観を損なうことなく海域の静穏化や海浜の安定化を図ることができる。このように，今後の海岸整備にあたっては，快適性の向上を目指すとともに，個々の海岸保全工法が有する環境調節機能に着目し，それらを合理的に組み合わせることが重要である。

〔3〕 生物生育環境の創造

1） 海生生物着床形構造物や生物共生形構造物を堤防・護岸の被覆ブロックや離岸堤や防波堤などに利用して，藻場や漁礁の造成に努め，海岸防災機能と合わせて多様な生物生育空間を積極的に創出していく。

2） 近年，干潟が有する高度な生物生息機能と水質浄化機能に着目して，埋立計画に合わせて新たに干潟を造成する試みが進められている。それらは，自然を人工的に復元し，生態系への影響を緩和するとともに，優れた景観を提供し，質の高い親水空間としての海岸の環境機能を積極的に再生するものである。

〔4〕 海域の水質および底質の浄化
1) 陸域からの汚染物質や有機物，栄養塩類などの流入を規制し，海域の水質や底質を悪化させている汚染源の除去を図る。
2) 水質の改善にあたっては，消波ブロックや曝気護岸などの構造物による砕波やエアレーションの促進，礫間接触浄化の緩傾斜堤防・護岸への適用などが有効である。さらに，閉鎖性海域では，水路・開削路を設けて海水の交換および循環を促進する。
3) 底質の改善には，汚泥浚渫によるヘドロなどの有害な堆積物の除去や，覆砂による底質の封じ込めが有効であり，それらによって，懸濁物の海底への堆積と堆積物からの栄養塩類の溶出を防ぐ。
4) 干潟や浅い内湾では，澪筋をつくること（作澪工：water-route making works）によって流速を増し，海水交換や底質改良に努める。さらに，前述のとおり，近年では，干潟そのものが有している水質浄化機能に着目して，これらを新たに造成する試みが進められている。

7.4.3 今後の展望

近年，国土の保全・開発と環境保全との関係は，開発と環境を高い次元で調和させて環境の保全と創造の統合化を図り，環境を国土保全・開発に「内部目的化」していく関係にあり，かつての「開発か，環境か」といった対立の図式ではなく，自然との共生共存を図りながら持続的な開発を目指す方向へと転換している。

これは海岸環境の保全と創造においても同様であり，今後は「ミチゲーション（mitigation）」という考え方を基本とすべきである。「ミチゲーション」は，「緩和」または「軽減」の意味をもち，その思想はアメリカで生まれた。

すなわち，開発や施設整備に伴って，緑や生物の生息場所が失われたり，水質や底質その他の環境構成要素が変化するなど，環境にマイナスの影響が生じる場合には，自然環境や生態系への影響を最小限にすることを基本としつつ，つぎの3段階をもって開発に伴う環境の悪化を緩和・軽減しようとするもので

ある。
1) 環境へのマイナスの影響を削減，解消するために，施設構造や工法上での対応を考える。
2) 影響を受ける動植物の適切な保護や増殖を考える。
3) 改変した自然の現地またはその近傍での復元などの措置を講ずる。

しかし，わが国の現状としては，上述の1)および2)はいずれも定着しているとはいいがたく，その結果として，ミチゲーションの思想はむしろ3)の代替補償的な対応としてとらえられる場合が多い。

その背景には，環境影響評価の手法や評価基準が未確立であることや，環境データの蓄積の不足等に起因する環境アセスメント技術そのものの充実化が今後の課題であることがあげられる。特に，事業実施後の追跡調査およびそれらの分析実績の不足が指摘される。

また，ミチゲーションの思想の実現にあたっては
1) まとまった空間が必要であること
2) 事業を担当する技術者が生態学的な知識を十分にもち，かつ，十分に訓練されていること
3) 事業主体である行政の努力に対して，一般市民の理解が得られることが必要である。

コーヒーブレイク

アマモ場

陸域に森林があるように，沿岸域にはアマモ場と呼ばれる海草の群落が存在する。アマモはコンブやワカメのように直接食用に利用されることはないが，魚介類の産卵場や幼生期の保育場としての役割が指摘されており，消失したアマモ場の回復が試みられている。具体的には，① 播種による方法，② 花枝(はん)を投入する方法，③ 栄養株を移植する方法，④ 実生を移植する方法などがあるが，十分な成果が得られていないのが現状である。

特に2)について付け加えておく。わが国では1990年ごろから，土木工学の分野においても生態系に配慮した研究や事業が積極的に進められてきた。その結果として，今日では，土木技術者の間でも生態系に関する理解や認識が深まってきている。今後，海岸環境の積極的な創造にあたっては，わが国の土木技術者の生態系に対する知識と理解のさらなる向上が期待される。

演 習 問 題

【1】 海岸環境の保全の目的について述べよ。

【2】 わが国の海岸環境の現状を，防災，利用，環境のそれぞれの側面から述べよ。

【3】 海岸防護方式について，線的防護方式と面的防護方式を比較して述べよ。

【4】 各種の海岸保全工法を，浸水対策，侵食対策，埋没対策に分類し，それぞれについて説明せよ。

【5】 海岸環境の創造にあたって留意すべき事項と，それらの具体的な創造技術について述べよ。

【6】 ミチゲーションの基本的理念と，その実施にあたっての留意点について述べよ。

引用・参考文献

1) 岩垣雄一：最新海岸工学，森北出版（1987）
2) 服部昌太郎：海岸工学，コロナ社（1987）
3) 椹木　享，出口一郎：新編海岸工学，共立出版（1996）
4) (社)全国海岸協会編：海岸—海岸法制定40周年記念号—，第36巻，第2号（1996）
5) (社)全国海岸協会編：海岸—〔特集〕海岸法改正—，第39巻，第1号（1999）
6) 建設省河川局監修：平成12年度版 河川六法，大成出版社（2000）
7) 岩垣雄一：前出1），p. 45
8) 岩垣雄一，椹木　享：海岸工学，p.222，共立出版（1979）
9) 岩垣雄一，椹木　享：前出8），p.225
10) 気象庁：平成5年潮位表，p. 319，日本気象協会（1993）
11) Mansinha-Smylie：The displacement of inclined fault, Bulletin of the Seismological Society of America, 5, pp. 1433〜1440 (1971)
12) 相田　勇：南海道沖の津波の数値実験，地震研究所彙報，Vol. 56, pp. 713〜730, 東京大学（1981）
13) Longuet-Higgins, M. S.：On the Statistical Distribution of the Heights of Sea Waves, Jour. Of Marine Reseach, Vol. 11, No. 3, pp. 245〜266 (1952)
14) Pierson, W. J. and Moskowitz, L.：A proposed spectal form for fully developed wind seas based on the similarity theory of S. A. Kitaigorodskii, J. Geophys. Res., Vol. 69, No. 24, pp. 5181〜5190 (1964)
15) 光易　恒：風波のスペクトルの発達(2)，第17回海岸工学講演会論文集，pp. 1〜7, 土木学会（1970）
16) 合田良實：数値シミュレーションによる波浪の標準スペクトルと統計的性質，第34回海岸工学講演会論文集，pp. 131〜135，土木学会（1987）
17) 例えば，合田良實：港湾構造物の耐波設計－波浪工学への序説－，p. 333, 鹿島出版会（1977）
18) 井島武士：海岸工学，p. 315, 朝倉書店（1970）
19) 堀川清司：海岸工学，p. 93, 東京大学出版会（1995）

20) 近藤俶郎, 竹田英章：消波構造物, p. 181, 森北出版 (1983)
21) 酒井哲郎：海岸工学入門, p. 72, 森北出版 (2001)
22) 合田良實, 佐藤昭二：わかり易い土木講座17, 新訂版 海岸・港湾, 彰国社 (1981)
23) 糸林芳彦編著：技術士を目指して, 建設部門, 改訂新版 河川・砂防および海岸, 山海堂 (1991)
24) 磯部雅彦編著：海岸の環境創造—ウォーターフロント学入門, 朝倉出版 (1994)
25) (社)日本海洋開発建設協会 海洋工事技術委員会：これからの海洋環境づくり—海との共生をもとめて—, 山海堂 (1995)
26) (社)日本海洋開発建設協会 海洋工事技術委員会：わが国の海洋土木技術, 山海堂 (1997)
27) 中山茂雄編著：技術士を目指して, 建設部門, 改訂新版 港湾および空港, 山海堂 (2000)

演習問題解答

1 章
【1】 *1*.3 節参照。
【2】 *1*.4 節参照。
【3】 *1*.4 節および *1*.5.1 項参照。
【4】 *1*.5 節参照。

2 章
【1】 $T = 10$ [s], $C = 10$ [m/s] より，波長 L は $L = CT = 10 \times 10 = 100$ [m] となる。式 (*2.13*) において，$H = 4$ [m], $k = 2\pi/L = 2\pi/100$, $\sigma = 2\pi/T = 2\pi/10$ であり，$\eta = 2\cos 2\pi(x/100 - t/10)$ となる。

【2】 図 *2.21* より砕波水深を求めるためには，砕波点での屈折係数を用いて換算沖波波高を求める必要があるが，その地点の水深がわからなければ屈折係数が求まらない。したがって，まず屈折係数が 1.0 と仮定し，砕波水深を求め，その地点での屈折係数を求めて換算沖波波高を求め，あらためて砕波水深を求めることを繰り返す。

$$H_0' = H_0 K_r = 5 \times 1 = 5 \text{ [m]}$$

$$L_0 = \frac{g}{2\pi} T^2 = \frac{9.8}{2 \times 3.14} \times 8^2 = 99.87 \text{ [m]}$$

となるので，換算沖波の波形勾配は $H_0'/L_0 = 5/99.87 = 0.05$ となる。図 *2.21* より $h_b/H_0' = 1.48$ となり，砕波水深は $h_b = 1.48 \times 5 = 7.4$ [m] となる。$h_b/L_0 = 7.4/99.87 = 0.074$ となるので，図 *2.13* より $K_r = 0.95$ となり，換算沖波波高は $H_0' = H_0 K_r = 5 \times 0.95 = 4.75$ [m] である。
$H_0'/L_0 = 0.0476$, 図 *2.21* より $h_b/H_0' = 1.48$, $h_b = 1.48 \times 4.75 = 7.03$ [m] となる。
$h_b/L_0 = 7.03/99.87 = 0.07$, 図 *2.13* より $K_r = 0.95$ となり，前回と屈折係数が一致し，$H_0' = 4.75$ [m], $h_b = 7.03$ [m] となる。
$h_b/L_0 = 0.07$ のとき，図 *2.13* より $\alpha_0 - \alpha_b = 15°$ であり，$\alpha_b = 15°$ となる。
$H_0'/L_0 = 0.0476$ のとき，図 *2.20* より $H_b/H_0' = 1.03$ であり，$H_b = 4.9$

[m] となる。

3章

【1】 式 (3.20) より，$T = 4 \times 5\,000/\sqrt{9.8 \times 20} = 1\,428.6\,[\mathrm{s}] = 23.8\,[\mathrm{min}]$ となる。

【2】 表 3.3 より，名古屋での a, b の値はそれぞれ 2.961, 0.119 であり，c は 0 である。また，図 3.4 より，最低気圧が 958.5 hPa，最大風速が 37.0 m/s であり，これらの値を式 (3.4) に代入すると
$$\zeta = 2.961 \times (1\,010 - 958.5) + 0.119 \times 37.0^2 = 315\,[\mathrm{cm}]$$
となり，実測地 345 cm より若干小さい。

4章

【1】（1） 5時間後
$U = 10\,[\mathrm{m/s}]$，$t = 5\,[\mathrm{h}]$，$F = 100\,[\mathrm{km}]$ の場合，図 4.7 より $U = 10\,[\mathrm{m/s}]$，$F = 100\,[\mathrm{km}]$ に対する最小吹送時間は $t_{\min} = 9.6\,[\mathrm{h}]$ となり，発達する波の大きさは $U = 10\,[\mathrm{m/s}]$，$t = 5\,\mathrm{h}$ から求まり，$H_{1/3} = 1.2\,[\mathrm{m}]$，$T_{1/3} = 3.9\,[\mathrm{s}]$ となる。

（2） 10時間後
$U = 10\,[\mathrm{m/s}]$，$t = 10\,[\mathrm{h}]$，$F = 100\,[\mathrm{km}]$ の場合，図 4.7 より $U = 10\,[\mathrm{m/s}]$，$t = 10\,[\mathrm{h}]$ に対する最小吹送距離は $F_{\min} = 120\,[\mathrm{km}]$ となり，発達する波の大きさは $U = 10\,[\mathrm{m/s}]$，$F = 100\,[\mathrm{km}]$ から求まり，$H_{1/3} = 1.4\,[\mathrm{m}]$，$T_{1/3} = 4.7\,[\mathrm{s}]$ となる。

（3） 15時間後
10時間後に $U = 10\,[\mathrm{m/s}]$ から $U = 20\,[\mathrm{m/s}]$ に変化するので，$U = 10\,[\mathrm{m/s}]$ の風が10時間吹きつづけて発達する波と $U = 20\,[\mathrm{m/s}]$ の風が t' 時間吹いて発達する波のエネルギーを等しくする。つまり，（2）で求めた図 4.7 の交点から等エネルギー線に沿って $U = 20\,[\mathrm{m/s}]$ まで引き上げると，$F = 80\,[\mathrm{km}]$，$t = 1.7\,[\mathrm{h}]$ に相当する。したがって，15時間後の波は，$F = 200\,[\mathrm{km}]$，$U = 20\,[\mathrm{m/s}]$ の風が $t' = 1.7 + 5 = 6.7\,[\mathrm{h}]$ 吹いたものと考えられる。この場合の波の発達は吹送時間で決まり，$H_{1/3} = 3.6\,[\mathrm{m}]$，$T_{1/3} = 6.8\,[\mathrm{s}]$ となる。

5章

【1】 ヒーリーの方法より，入射波高 1.5 m，反射波高 0.6 m，透過波高 0.3 m とな

るので

$$反射率\ K_r = \frac{0.6}{1.5} = 0.4$$

$$透過率\ K_t = \frac{0.3}{1.5} = 0.2$$

$$エネルギー損失 = 1 - 0.4^2 - 0.2^2 = 0.8$$

6 章

【1】 水深 2.5 m 地点での波長を $L = L_0 \tanh 2\pi h/L$ より求めると，$L = 23.07$ m となる．この地点での浅水係数を次式で求めると

$$K_s = \left\{\left(1 + \frac{2kh_i}{\sinh 2kh_i}\right) \tanh kh_i\right\}^{-1/2} = 0.9833$$

となる．したがって，$H/H_0 = 0.9833$, $L_0 = 39$ [m], $H_0 = 1.5$ [m], $h_i = 2.5$ [m], $L = 23.1$ [m] を次式に代入すると，$d = 0.38$ [mm] となる．

$$\left(\frac{H}{H_0}\right) = \frac{1}{0.417}\left(\frac{L_0}{H_0}\right)\left(\frac{d}{L_0}\right)^{1/3} \sinh\left(\frac{2\pi h_i}{L}\right)$$

【2】 水深 7 m 地点における波向角 θ，屈折係数 K_r を求めると，$\theta = 24.7°$, $K_r = 0.794$ となる．

沖波のエネルギー束 P_0 は

$$P_0 = \frac{1}{16} \times 10.1 \times 5^2 \times \frac{1.56 \times 10^2}{10} = 246.19\ [\text{kN·m/(m·s)}]$$

したがって，水深 7 m 地点での P_l は

$$P_l = (0.794)^2 \times P_0 \times \sin\theta\cos\theta = 58.92\ [\text{kN·m/(m·s)}]$$

したがって，10 時間当りのエネルギー束は

$$E = P_l \times 10 \times 3600 = 2.121 \times 10^6\ [\text{kN·m/m}]$$

沿岸漂砂量は CERC 公式を適用する．$I_l = 0.39\ P_l$ より

$$Q = \frac{0.39 P_l}{0.6(25.97 - 10.1)} \times 3600$$
$$= 8688\ [\text{m}^3]$$

7 章

【1】 *7.1* 節参照．
【2】 *7.2* 節参照．
【3】 *7.3.1* 項参照．
【4】 *7.3.2* 項参照．
【5】 *7.4.1* 項および *7.4.2* 項参照．
【6】 *7.4.3* 項参照．

索引

【あ】
上げ潮 *52*
暗渠工法 *177*
安定係数 *113*

【い】
イッペン（Ippen）と合田 *78*
移動限界シールズ数 *135*
移動限界水深 *133*
稲村の火 *78*
イリーバーレン（Iribarren）の式 *112*

【う】
打上げ高さ *118*
うねり *21,97*
運動学的境界条件 *24*

【え】
エアリー *24*
SMB法 *90,94*
越波災害 *154*
越波量 *120*
エネルギースペクトル密度 *84*
エネルギー輸送量 *35*
沿岸漂砂量 *139*
沿岸流 *142*

【お】
大潮 *53*

【か】
海岸護岸 *165*
海岸侵食 *6,154*
海岸線総延長 *6,157*
海岸堤防 *165*
海岸法 *3,5,8,10,11*
海岸保全工法 *164*
海岸保全施設 *163*
回折 *41*
回折係数 *42*
回折図 *42*
海底摩擦 *44*
海洋性レクリエーション *158*
海洋発電エネルギー *158*
角周波数 *25*
河口導流堤 *176*
可航半円 *94*
河口閉塞 *154*
河口閉塞対策 *176*
カスプ *133*
河川法 *12*
環境基本法 *15*
緩傾斜堤防および護岸 *166*
換算沖波波高 *48*
慣性係数 *107*
慣性力 *107*

【き】
気圧傾度 *91*
危険半円 *94*
岸沖漂砂量 *139*
気象潮 *21,57*

規則波 *19*
基本水準面 *55*
共振特性 *78*
共振理論 *88*
漁業法 *14*
局所漂砂量 *139*
漁港法 *14*

【く】
クーリガン・カーペンター数 *110*
崩れ波砕波 *45*
砕け寄せ波砕波 *45*
屈折 *38*
屈折角 *39*
屈折係数 *39,41*
クノイド波 *22*
グリーンの法則 *68*
群速度 *32,35*
群波 *32*
傾度風 *91*
クラー・ケラー *72*

【こ】
高潮 *51,57*
公有水面埋立法 *13*
抗力 *107*
抗力係数 *107*
港湾法 *14*
港湾埋没 *154*
小潮 *53*
固有振動周期 *76*
コリオリ力 *91*
孤立波 *47*

【さ】

災害対策基本法	12
最小吹送距離	90
最小吹送時間	90, 95
最大波	81
砕　波	45
砕波高	46
砕波指標	47
砕波水深	46, 49
作澪工	181
下げ潮	52
砂　嘴	132
Sverdrup-Munk	90
砂　漣	134
サンドバイパス工法	176
サンフルーの簡略式	102
1/3最大波	82

【し】

シートフロー	134
地震のマグニチュード	65
質量係数	107
質量輸送	29
質量輸送速度	29
周　期	20
修正孤立波	22
周波数スペクトル	85, 86
重力波	21
主要4分潮	55
衝撃砕波圧	99
JONSWAPスペクトル	86
1/10最大波	81
深海波	21, 33
深海領域	36
人工開削工法	177
人工リーフ	173
人工リーフ工法	173

【す】

水質汚濁防止法	16

吹送距離	89, 95
吹送時間	89, 95
捨　石	111
ストークス波	22
スネルの法則	38

【せ】

セイシュ	74
正常海浜	129
瀬戸内海環境保全特別措置法	16
ゼロアップクロス法	81
ゼロダウンクロス法	81
浅海波	22
浅海表面波	21
浅海領域	35
前駆波	58
浅水係数	36
浅水変形	35
潜　堤	173
線的防護方式	161

【そ】

相互作用理論	88
相対水深	20
掃流砂	134
速度ポテンシャル	41

【た】

大規模地震対策特別措置法	13
代表波	80
台　風	92
高　潮	57
高潮災害	154
高潮防波堤	167

【ち】

地衡風	91
中央粒径	126
中心対称風	93

沖波波長	49
潮　差	52
長周期波	51
長　波	21, 33
重複波	29, 30
重複波圧	100

【つ】

津　波	63
――の規模	65
――の数値シミュレーション	72
――の遡上	71
――の伝播図	67
――のマグニチュード	65
津波災害	154
津波防波堤	167

【て】

低　潮	52
停　潮	52
天文潮	21, 52

【と】

東京湾平均海面	55
統計的性質	80
突　堤	171
突堤群	171
トンボロ	133, 172

【な】

斜め重複波	31
波のエネルギー	33
波の谷	20
波の分類	20
波の峰	20

【に】

日潮不等	52
入射波	30

【は】

ハーバーパラドックス	78
排水機場	170
倍　潮	54
波形勾配	20
波　高	19
波向線方程式	39
波　数	25
波　速	20, 26, 35
波　長	19, 26, 35
ハドソン（Hadson）の公式	113
波浪推算法	90
反射波	30
反射率	30

【ひ】

ピアソン・モスコビッツ (Pierson-Moskowitz) スペクトル	86
ヒーリー（Heary）の方法	118
干　潟	160
光の回折理論	42
飛　砂	148
微小振幅波	22, 32
微小振幅波理論	24, 41
表面張力波	20
廣井公式	104

【ふ】

フィリップス	88
風　波	21
——の発生	88
——の発達	89
不規則波	19, 80
複合潮	54
副振動	74
部分砕波圧	103
浮遊砂	134
ふるい分け係数	126
ブレットシュナイダー	82, 97
ブレットシュナイダー（Bretschneider）・光易スペクトル	86
分　潮	54

【へ】

平均海面	55
平均水位の上昇	49
平均波	82
平均粒径	126
ヘッドランド	174
ヘッドランド工法	174
ベルヌーイ（Bernoulli）の式	23
ヘルムホルツ（Helmholtz）の方程式	41

【ほ】

方向スペクトル	84
方向分布関数	85, 87
防潮水門	170
防潮堤	167
ポケットビーチ	133

【ま】

マイルズ	78, 88
巻き波砕波	45
巻き寄せ波砕波	45
マンシンハ・スマイリー (Mansinha-Smylie) の方法	72

【み】

ミチゲーション	181

【む】

ムンク	78

【め】

メイヤー（Meyer）の式	92
面的防護方式	161

【も】

藻　場	160
モリソンのしき	107

【ゆ】

有義波	80, 82
有義波高	85, 94
有義波周期	94
有義波法	90, 94
有限振幅波	22
揺れ戻し	59

【よ】

揚圧力	102
養浜工法	175

【ら】

ラプラスの方程式	23

【り】

離岸堤	172
力学的境界条件	24
レーリー分布	82

【ろ】

ロンゲット・ヒギンズ	82
湾水振動	74

――著者略歴――

平山　秀夫（ひらやま　ひでお）
1974年　京都大学大学院工学研究科博士課程修了
　　　　（土木工学専攻）
　　　　京都大学助手
1975年　大阪府立工業高等専門学校助教授
1977年　工学博士（京都大学）
1986年　大阪府立工業高等専門学校教授
1995年　カリフォルニア大学バークレー校
　　　　（UCB）客員研究員
2008年　大阪府立工業高等専門学校名誉教授

島田　富美男（しまだ　とみお）
1974年　徳島大学工学部土木工学科卒業
1976年　徳島大学大学院修士課程修了
　　　　（土木工学専攻）
1989年　阿南工業高等専門学校助教授
　　　　ハワイ大学客員研究員
2001年　博士（工学）（京都大学）
　　　　阿南工業高等専門学校教授
2012年　阿南工業高等専門学校名誉教授

辻本　剛三（つじもと　ごうぞう）
1980年　長岡技術科学大学工学部建設工学課程卒業
1982年　長岡技術科学大学大学院修士課程修了
　　　　（建設工学専攻）
　　　　神戸市立工業高等専門学校講師
1989年　神戸市立工業高等専門学校助教授
1991年　工学博士（長岡技術科学大学）
1993年　ミネソタ州立大学客員研究員
2001年　神戸市立工業高等専門学校教授
2016年　熊本大学大学院教授
　　　　現在に至る
2016年　神戸市立工業高等専門学校名誉教授

本田　尚正（ほんだ　なおまさ）
1986年　豊橋技術科学大学工学部建設工学課程卒業
　　　　大阪府庁勤務
1995年　大阪府立工業高等専門学校講師
1999年　立命館大学大学院理工学研究科博士後期課
　　　　程修了（総合理工学専攻），博士（工学）
　　　　大阪府立工業高等専門学校助教授
2003年　鳥取大学講師
2005年　鳥取大学助教授
2007年　茨城大学准教授
2014年　東京農業大学教授
　　　　現在に至る

海岸工学
Coastal Engineering　　　　　　　　　　　　　Ⓒ　Hirayama, Tsujimoto, Shimada, Honda　2003

2003年 4月15日　初版第1刷発行
2019年 1月20日　初版第9刷発行

検印省略

著　者　平　山　秀　夫
　　　　辻　本　剛　三
　　　　島　田　富美男
　　　　本　田　尚　正
発行者　株式会社　コロナ社
　　　　代表者　牛来真也
印刷所　富士美術印刷株式会社
製本所　有限会社　愛千製本所

112-0011　東京都文京区千石 4-46-10
発行所　株式会社　コロナ社
CORONA PUBLISHING CO., LTD.
Tokyo Japan
振替 00140-8-14844・電話(03)3941-3131(代)
ホームページ　http://www.coronasha.co.jp

ISBN 978-4-339-05509-2　C3351　Printed in Japan　　　　　　　　　　　(大井)

<JCOPY>　<出版者著作権管理機構　委託出版物>
本書の無断複製は著作権法上での例外を除き禁じられています。複製される場合は，そのつど事前に，出版者著作権管理機構（電話 03-5244-5088，FAX 03-5244-5089，e-mail: info@jcopy.or.jp）の許諾を得てください。

本書のコピー，スキャン，デジタル化等の無断複製・転載は著作権法上での例外を除き禁じられています。購入者以外の第三者による本書の電子データ化及び電子書籍化は，いかなる場合も認めていません。
落丁・乱丁はお取替えいたします。

土木系 大学講義シリーズ

（各巻A5判，欠番は品切です）

■編集委員長　伊藤　學
■編集委員　青木徹彦・今井五郎・内山久雄・西谷隆亘
　　　　　　榛沢芳雄・茂庭竹生・山﨑　淳

配本順			頁	本体
2.（4回）	土木応用数学	北田俊行著	236	2700円
3.（27回）	測量学	内山久雄著	206	2700円
4.（21回）	地盤地質学	今井・福江 足立 共著	186	2500円
5.（3回）	構造力学	青木徹彦著	340	3300円
6.（6回）	水理学	鮏川　登著	256	2900円
7.（23回）	土質力学	日下部　治著	280	3300円
8.（19回）	土木材料学（改訂版）	三浦　尚著	224	2800円
10.	コンクリート構造学	山﨑　淳著		
11.（28回）	改訂 鋼構造学（増補）	伊藤　學著	258	3200円
12.	河川工学	西谷隆亘著		
13.（7回）	海岸工学	服部昌太郎著	244	2500円
14.（25回）	改訂 上下水道工学	茂庭竹生著	240	2900円
15.（11回）	地盤工学	海野・垂水編著	250	2800円
17.（30回）	都市計画（四訂版）	新谷・髙橋 岸井・大沢 共著	196	2600円
18.（24回）	新版 橋梁工学（増補）	泉・近藤共著	324	3800円
19.	水環境システム	大垣真一郎他著		
20.（9回）	エネルギー施設工学	狩野・石井共著	164	1800円
21.（15回）	建設マネジメント	馬場敬三著	230	2800円
22.（29回）	応用振動学（改訂版）	山田・米田共著	202	2700円

定価は本体価格＋税です。
定価は変更されることがありますのでご了承下さい。

図書目録進呈◆

土木・環境系コアテキストシリーズ

(各巻A5判)

■編集委員長　日下部 治
■編　集　委　員　小林 潔司・道奥 康治・山本 和夫・依田 照彦

共通・基礎科目分野

配本順				頁	本体
A-1	(第9回)	土木・環境系の力学	斉木 功 著	208	2600円
A-2	(第10回)	土木・環境系の数学 —数学の基礎から計算・情報への応用—	堀村 宗朗 市村 強 共著	188	2400円
A-3	(第13回)	土木・環境系の国際人英語	井合 進 R. Scott Steedman 共著	206	2600円
A-4		土木・環境系の技術者倫理	藤原 章正 木村 定雄 共著		

土木材料・構造工学分野

B-1	(第3回)	構　造　力　学	野村 卓史 著	240	3000円
B-2	(第19回)	土　木　材　料　学	中村 聖三 奥松 俊博 共著	192	2400円
B-3	(第7回)	コンクリート構造学	宇治 公隆 著	240	3000円
B-4	(第4回)	鋼　構　造　学	舘石 和雄 著	240	3000円
B-5		構　造　設　計　論	佐藤 尚次 香月 智 共著		

地盤工学分野

C-1		応　用　地　質　学	谷 和夫 著		
C-2	(第6回)	地　盤　力　学	中野 正樹 著	192	2400円
C-3	(第2回)	地　盤　工　学	髙橋 章浩 著	222	2800円
C-4		環　境　地　盤　工　学	勝見 武 乾 徹 共著		

配本順			頁	本体

水工・水理学分野

D-1	(第11回)	水理学	竹原幸生著	204 2600円
D-2	(第5回)	水文学	風間聡著	176 2200円
D-3	(第18回)	河川工学	竹林洋史著	200 2500円
D-4	(第14回)	沿岸域工学	川崎浩司著	218 2800円

土木計画学・交通工学分野

E-1	(第17回)	土木計画学	奥村誠著	204 2600円
E-2	(第20回)	都市・地域計画学	谷下雅義著	236 2700円
E-3	(第12回)	交通計画学	金子雄一郎著	238 3000円
E-4		景観工学	川﨑雅史・久保田善明共著	
E-5	(第16回)	空間情報学	須﨑純一・畑山満則共著	236 3000円
E-6	(第1回)	プロジェクトマネジメント	大津宏康著	186 2400円
E-7	(第15回)	公共事業評価のための経済学	石倉智樹・横松宗太共著	238 2900円

環境システム分野

F-1		水環境工学	長岡裕著	
F-2	(第8回)	大気環境工学	川上智規著	188 2400円
F-3		環境生態学	西村修・山田一裕・中野和典共著	
F-4		廃棄物管理学	島岡隆行・中山裕文共著	
F-5		環境法政策学	織朱實著	

定価は本体価格＋税です。
定価は変更されることがありますのでご了承下さい。

図書目録進呈◆

環境・都市システム系教科書シリーズ

(各巻A5判，欠番は品切です)

- ■編集委員長　澤　孝平
- ■幹　　　事　角田　忍
- ■編集委員　荻野　弘・奥村充司・川合　茂
  　　　　　　嵯峨　晃・西澤辰男

配本順			著者	頁	本体
1.	(16回)	シビルエンジニアリングの第一歩	澤 孝平・嵯峨 晃／川合 茂・角田 忍／荻野 弘・奥村充司／西澤辰男 共著	176	2300円
2.	(1回)	コンクリート構造	角田 忍・竹村和夫 共著	186	2200円
3.	(2回)	土質工学	赤木知之・吉村優治／上 俊二・小堀慈久／伊東 孝 共著	238	2800円
4.	(3回)	構造力学Ⅰ	嵯峨 晃・武田八郎／原 隆・勇 秀憲 共著	244	3000円
5.	(7回)	構造力学Ⅱ	嵯峨 晃・武田八郎／原 隆・勇 秀憲 共著	192	2300円
6.	(4回)	河川工学	川合 茂・和田 清／神田佳一・鈴木正人 共著	208	2500円
7.	(5回)	水理学	日下部重幸・檀 和秀／湯城豊勝 共著	200	2600円
8.	(6回)	建設材料学	中嶋清実・角田 忍／菅原 隆 共著	190	2300円
9.	(8回)	海岸工学	平山秀夫・辻本剛三／島田富美男・本田尚正 共著	204	2500円
10.	(9回)	施工管理学	友久誠司・竹下治之 共著	240	2900円
11.	(21回)	改訂 測量学Ⅰ	堤 隆 著	224	2800円
12.	(22回)	改訂 測量学Ⅱ	岡林 巧・堤 隆／山田貴浩・田中龍児 共著	208	2600円
13.	(11回)	景観デザイン ―総合的な空間のデザインをめざして―	市坪 誠・小川総一郎／谷平 考・砂本文彦／溝上裕二 共著	222	2900円
15.	(14回)	鋼構造学	原 隆・山口隆司／北原武嗣・和多田康男 共著	224	2800円
16.	(15回)	都市計画	平田登基男・亀野辰三／宮腰和弘・武井幸久／内田一平 共著	204	2500円
17.	(17回)	環境衛生工学	奥村充司・大久保孝樹 共著	238	3000円
18.	(18回)	交通システム工学	大橋健一・柳澤吉保／髙岸節夫・佐々木恵一／日野 智・折田仁典／宮腰和弘・西澤辰男 共著	224	2800円
19.	(19回)	建設システム計画	大橋健一・荻野 弘／西澤辰男・柳澤吉保／鈴木正人・伊藤 雅／野田宏治・石内鉄平 共著	240	3000円
20.	(20回)	防災工学	渕田邦彦・疋田 誠／檀 和秀・吉村優治／塩野計司 共著	240	3000円
21.	(23回)	環境生態工学	宇野宏司・渡部 守義 共著	230	2900円

定価は本体価格+税です。
定価は変更されることがありますのでご了承下さい。

図書目録進呈◆